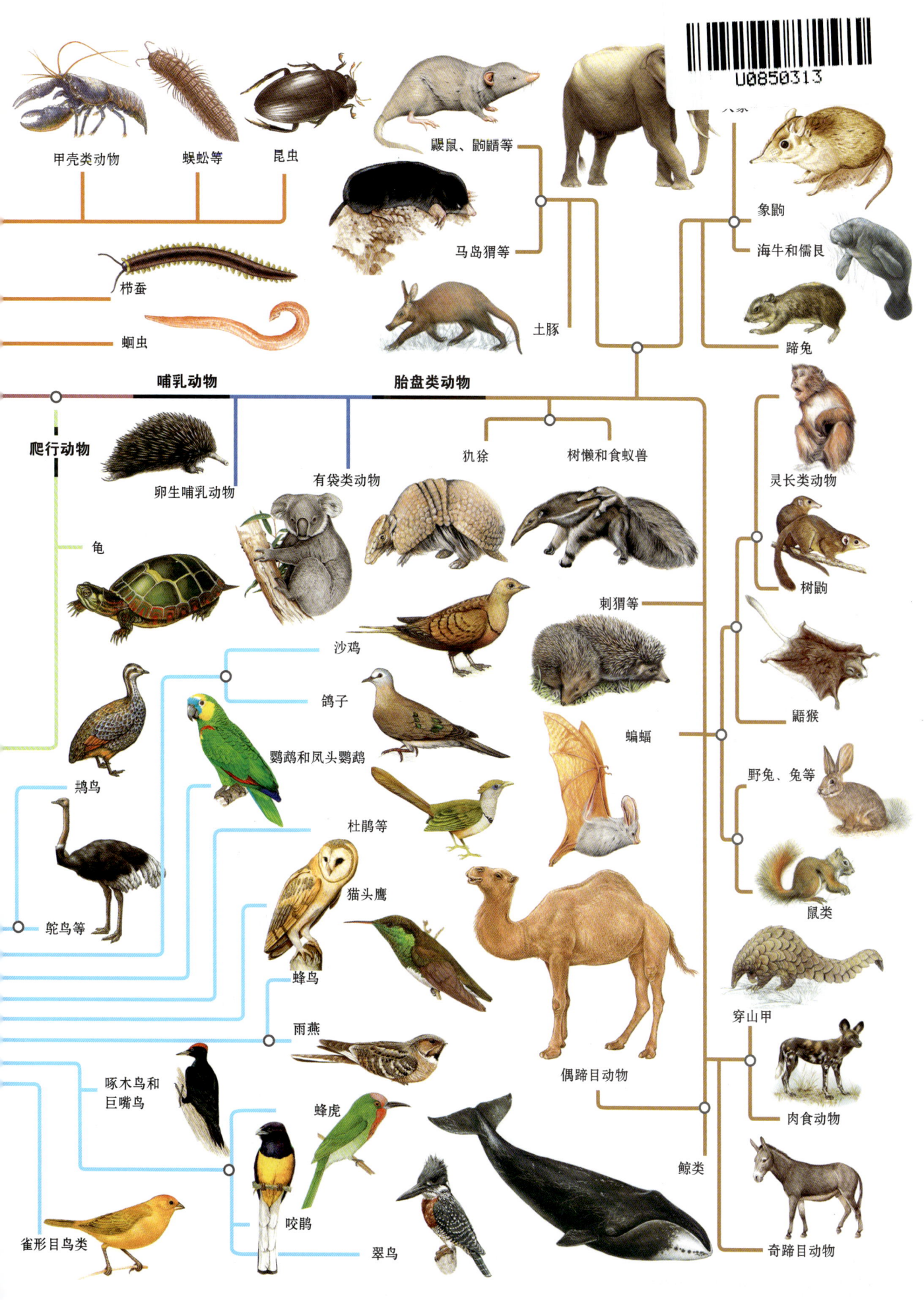

国家地理动物百科

鱼类 上

西班牙 Editorial Sol90, S. L. ◎著
马韶仪 ◎译

山西出版传媒集团　山西人民出版社

目录

概况
什么是鱼类　4
进化　6
形态　8
生理构造　10
结构与功能　12
感官与习性　14
鳞片　16
颜色与体态　18
活动　20
食物　22
濒危鱼类　24

无颌鱼类
一般特征　26
盲鳗　28
七鳃鳗　29

软骨鱼类
一般特征　30
行为　34
银鲛鱼　36
鲨鱼　38
鳐鱼　50

硬骨鱼类

一般特征	*58*
色彩与生物光	*60*
解剖结构	*62*
繁衍	*64*
习性	*66*

科与种

鲟鱼及其他	*68*
巨骨舌鱼及其亲缘鱼类	*72*
鳗鲡鱼	*74*
鲱鱼及其亲缘鱼类	*78*
鲤鱼及其亲缘鱼类	*80*
电鳗及其他	*83*
脂鲤	*84*
鲇鱼及其亲缘鱼类	*88*
三文鱼及其亲缘鱼类	*94*
南乳鱼及其亲缘鱼类	*99*
白斑狗鱼及其亲缘鱼类	*100*
深海鱼	*101*
带鱼	*104*
洞穴鱼	*106*
针鱼及其相关鱼类	*107*
季节性鱼	*110*

概况

什么是鱼类

鱼类是最原始的具有头骨的动物。根据化石记录，最早期鱼类的形态与现今的鱼类有着很大的差别。它们的感觉器官多集中在头部，具有用于呼吸的鳃，以及帮助身体在水中游动的鳍。该物种展现出了极大的变异性，征服了最多样化的水生环境。40%的鱼类栖居于淡水，60%生活在海洋，仅有少数种类在淡水和海洋中都能生存。

| 门：脊索动物门 |
| 纲：4 |
| 目：62 |
| 科：515 |
| 种：27977 |

鱼类

这个概念中包含了无数种形态各异的生物，以至于有些生物学家认为其不具备分类价值。然而，出于实践目的的考虑，分类学依然被套用在鱼类的研究当中。

共同特征

鱼类是脊椎动物中数量较大的群体，可以说与其他的脊椎动物相比具有更显著的物种变异性。一般来讲，当谈到鱼类的特征时，人们通常都会想到鳞片，但其实有很多种类的鱼是没有鳞片的。它们的鳍可以长在脊背上、尾柄上、腹部或者肛门后部，如一对胸鳍或一对腹鳍。然而，也有例外的情况，有些鱼只有不完整的鳍甚至完全没有鳍。众所周知，鱼类是生活在水中的，但是也有一部分鱼类，它们大部分时间是不依靠水而生存的。而且，它们拥有特殊的呼吸器官，在头部后面，具有长于身体两侧内腔中的鳃。鳃丝通常覆盖着大量的毛细血管网，并由骨骼或软骨组织支撑着。

鳃丝负责摄入氧气并向水中排放二氧化碳，从而完成换气。有一些鱼类的鳃的构造过于简单，不能满足机体正常的呼吸需求。因此，它们必须浮出水面直接在空气中呼吸，呼吸的部位在口腔、食道甚至是小肠。在某些情况下，它们也能直接用皮肤呼吸氧气并排出二氧化碳。鱼类拥有软骨质或硬骨质的头部结构，以及由背部和内部支撑的身体构架。最古老的鱼类，其支撑结构是棒状的软骨组织，体表大都被有弹性的纤维壳覆盖。

后来，这种棒状的结构部分完全被骨化，形成了脊椎。虽然有些鱼类有光洁的皮肤，但是大部分鱼类还是被鳞片覆盖。

分类

无颌总纲

盲鳗亚纲
例如：盲鳗

七鳃鳗亚纲
例如：七鳃鳗

有颌总纲

软骨鱼纲

| 亚纲：全头亚纲 | 例如：银鲛 |
| 亚纲：板鳃亚纲 | 例如：鳐鱼、电鳐、鲨 |

硬骨鱼纲

| 亚纲：辐鳍亚纲 | 例如：石首鱼、石斑鱼、海鲷、金枪鱼、重牙鲷、鲇鱼等 |
| 亚纲：肉鳍亚纲 | 例如：空棘鱼、肺鱼 |

多样性

鱼类是由多种体形各异的水生脊椎动物组成的。因此，需要将鱼类进行系统的分类，例如盲鳗、七鳃鳗、软骨鱼，还有肉鳍鱼和辐鳍鱼。如果再加上已经灭绝的种类，例如鳍甲鱼纲、盾皮鱼纲和棘鱼纲，那就更加错综复杂了。

盲鳗
黏盲鳗属

七鳃鳗
格氏鱼吸鳗

硬骨鱼
角箱鲀属

物种多样性
鱼类的种类占据了脊椎动物种类的一半以上，相信还存在上千种鱼类尚未被发现。

软骨鱼
背棘鳐

这样的结构除了具有保护作用外，还可以让它们更加自如地在水中游动，因为鳞片具有促进黏液分泌、减少摩擦的作用。此外，有些鱼类还具有骨质壳状或刺状的外表皮。

分类

目前，鱼类学者把鱼类分为两大类：一类是无颌鱼类（无颌纲），另一类是有颌鱼类（有颌纲）。然而，大部分无颌鱼类都已经灭绝，现存的无颌鱼类包括两种：盲鳗（生存于海洋中）和七鳃鳗（有的生存在淡水中，有的在海洋和河流之间洄游）。无颌鱼类的体形较小，皮肤裸露，是寄生鱼类，主要依靠吸附于宿主来汲取养分。同时，依据解剖学和生理学特征的区别，有颌鱼类又可被分为两类：软骨鱼和硬骨鱼。其中，软骨鱼（软骨鱼纲）又被分为两种不同的进化分支，即鲨鱼和鳐鱼，它们一同组成了板鳃亚纲，而银鲛则代表了全头亚纲。它们基本上都生活在海里，还有极少数生活在两极地区和深水区域。硬骨鱼（硬骨鱼纲）以其强大的适应能力分布于全球各地。它们种类繁多，数量庞大，可以分为辐鳍鱼类（辐鳍亚纲），例如阿根廷鳀（*Engraulis anchoita*）和东大西洋石斑鱼；肉鳍鱼类（肉鳍亚纲），例如矛尾鱼、肺鱼类。

保护问题

尽管数量庞大，种类繁多，但是很多鱼类正面临着生存的威胁，这其中也直接或间接地包括人类的原因。例如，在地球上的某些区域，鱼类集体死亡的现象出现得越来越频繁。这通常是由中毒所致，工业废料的排放、农业污染以及人类日常生活所造成的污染，都是引起中毒的原因。对于一些生存在河流和海洋的鱼类而言，过度捕捞已经成为需要长期面对的问题。如果继续保持目前的打捞程度，例如鳕鱼（阿根廷无须鳕），就即将成为历史。因此，鱼类资源的可持续利用已经成了一个亟待解决的全球性问题。

硬骨与软骨

大部分鱼类的身体框架都是由骨骼和一条明显的脊柱组成的，甚至鳍也有鳍骨。但是，对于无颌鱼类，支撑它们身体的中轴骨骼是不分段的软骨质脊索。鳐鱼和鲨鱼都具有软骨骨架，由一条明显的钙化脊椎骨来加固。

特殊说明
虽然大部分辐鳍鱼类的鳍条（主要支撑部位）由硬骨组成，但这是由与骨骼的其他部分不同的皮肤和鳞片衍生物进化而来的。

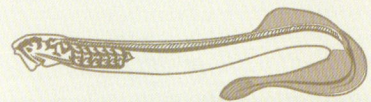
无颌鱼类
无颌鱼类没有颌，只能用嘴吮吸食物，其口腔内长有类似牙齿的突起。它们没有硬骨骨骼，身体由软骨骨架（脊索）来支撑。

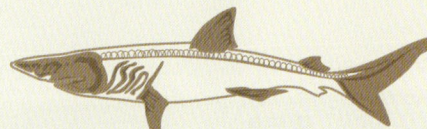
软骨鱼类
它们的骨骼由软骨组成，并且非常灵活。从第一鳃弓处衍生出一个真正的下颌。椎骨由同轴软骨盘组成。

硬骨鱼类
骨架全部或部分由硬骨组成，不同之处在于头骨、脊骨、内脏骨骼以及鳍骨。头骨包含大脑，并支撑着下颌及鳃弓。

进化

鱼类最早出现于 4.7 亿年前。与其后代不同的是,早期的鱼类没有颌,没有鳍,也没有鳞片,而是由一块完整的甲壳包裹着前半身。它们依靠背部灵活的突起和背刺来推动身体前进。直到志留纪,最早的有颌鱼类才出现。

鱼类的起源

异甲亚纲类是最早的鱼类,也是最早进化出脊椎的生物。它们的繁衍在志留纪和泥盆纪时达到顶峰。它们在海床的淤泥中觅食,例如捕食浮游生物的鱼类(鳍甲鱼)以及其他早期大型食肉鱼(邓氏鱼)等。它们的头部有甲壳,且会随着身体一起生长。

未分种鳍甲鱼

尺寸

20 厘米

4 厘米
鳍甲鱼身体的骨质甲片的厚度

吻部
锥形构造,可以减少在水中的游动阻力。

眼睛
位于头部两侧,相对较小。

进化优势

对于鱼类和陆地脊椎动物来说,颌的出现无疑大大提高了它们的适应能力。在漫长的进化过程中,捕食者们的颌会变得越来越大,而颌的出现无疑使掠食变得更加容易。

① 无颌鱼类
鳃弓前端固定住鳃。

七鳃鳗

② 有颌鱼类
这种构造对于肉食鱼类的进化更有帮助。

盾皮鱼

③ 早期硬骨鱼类
具有成熟的下颌,与现代的硬骨鱼相同。此外,颌的出现改变了生物的头部形状。

现代鱼

侧线
一些中生代肺鱼的化石显示,它们的身体已经有了侧线的结构,与现代鱼类一致。

银鲛

这是一种具有原始鱼类特征的现代鱼，它一共长有4对鳃裂。

"活化石"

腔棘鱼（矛尾鱼属）与陆地脊椎动物有着同样的血统。

泥盆纪掠食者

邓氏鱼生活在3亿年前的泥盆纪，属于有颌盾皮鱼纲的一种。头部被包裹在一个厚重的甲壳中。嘴中长有锋利的骨片，可以像刀一样把猎物切开。

尾巴 无鳞片保护。

背鳍

头部被甲壳包裹

身体中部没有甲壳，也没有鳞片，但是有胸甲结构，这使得它的身体非常灵活。

强而有力的颌长有锋利的骨片。

脊柱 它的灵活性和稳定性在游动过程中起到了至关重要的作用。

背刺 它的主要作用是保持运动过程中的平衡性。

尾巴 类似于现代飞鱼的不对称歪型尾。在游动时，由更为发达的下半叶提供前进动力。

进化

在泥盆纪时，海洋鱼类呈现出了一种种类繁多的景象，出现了包括古肉鳍鱼在内的古硬骨鱼类以及包括鲨鱼在内的古软骨鱼类。在此期间，有颌鱼或腭口鱼又分为三大类：盾皮鱼纲、软骨鱼纲和硬骨鱼纲。

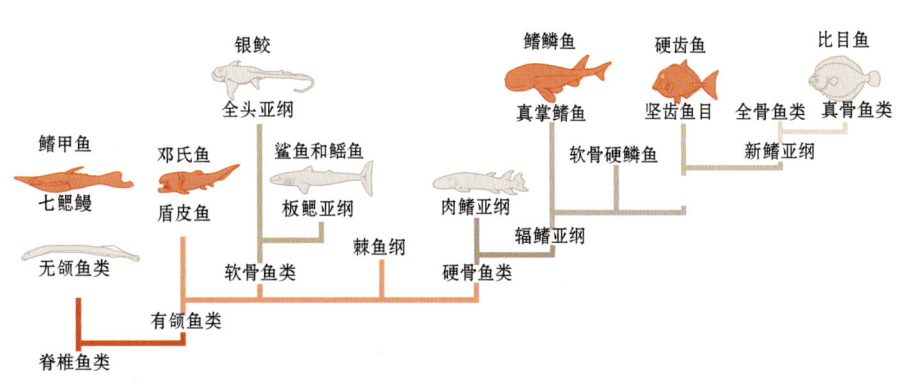

形态

各种各样的外形、大小和构造，证明了鱼类在漫长的岁月长河中不断地适应着时间的脚步。凭借这一点，它们成功地在复杂的水生环境中存活了下来。独特的骨骼构造、鳍以及鳞片是这个种族的突出特点。但某些鱼类从远古时代一直存活至今，依然没有改变它们的形态。

鼻孔
鼻子上的小孔。

眼睛
被脂肪膜保护着。

胸鳍
与身长相比，尺寸相对较小。

前背鳍
由硬桡骨构成，具有保持平衡的作用。

嘴
位于身体前端，以适应其进食方式。

鳃盖骨
覆盖在鳃上，并且调节水流的排放。

鳃
褶皱结构，负责向血液供氧。

腹鳍
在游动过程中控制上浮和下沉。

形态与生活方式

那些游得快的鱼类会在海洋中任意穿行，它们的身体呈纺锤形，像中上层鱼类，以及某些种类的三文鱼、鳕鱼和鲨鱼；而那些耐力型的选手，它们没有三文鱼或金枪鱼那样修长的身形，也没有鳗鱼或某些鲨鱼——比如皱鳃鲨那样蛇形的身体构造，所以在速度上处于下风。那些居住在海底的鱼类，它们的身体呈现出一种背腹扁平化的形态（如底栖鱼类：鳐鱼、鲛鳐和银鲛）。鲽形目鱼，如比目鱼，它们的身体一面朝上，呈严重压缩的形态。对鱼类来说，体形是分类的关键。通过观察体形，我们可以得知哪些是中上层鱼类，哪些是浅海鱼类，哪些经常光顾海底，哪些总是在开阔的水域活动。观察不同种类的鱼的横切面，可以看到它们的身体大致呈现出一种受压缩后凹陷的圆柱形状态。相对于其他物种，它们拥有长长的腹部。

总而言之，鱼类在水中的移动速度取决于其体表与周围水体的摩擦力的大小。一些鱼类通过体表的腺体分泌黏液，从而减小与周围水环境的摩擦力。

骨架

盲鳗和七鳃鳗的骨架由一根柔韧灵活的脊索架构而成。而椎骨还未形成由小软骨拼接而成的构架。它们没有颌骨，以"吸盘口"代替。而头部则由一个纤维组织构成的头骨来保护大脑。

顾名思义，软骨鱼类的骨骼是由部分钙化的软骨构成的。头骨分为两大部分：保护大脑的脑颅，由下颌弓、舌骨弓、5个鳃弓（最多可达6个或7个）以及脊椎构成的咽颅，其脊椎部分内有脊索的残留。它们的胸鳍被软骨组织固定于鳃部，但后部的鳍不与骨架相连，直接插入肌肉里。

硬骨鱼的骨架分为颅骨、脊柱和鳍三部分。颅骨保护大脑，并支撑起颌骨与鳃弓。脊柱呈现多关节形态，可以支撑身体，也可以连接腹部的肋骨。硬骨鱼的胸鳍连接着颅骨。

鳍

鳍是鱼类的运动和平衡器官。绝大部分种类的鱼都长有7只鳍：2只腹鳍，2只胸鳍（成对），1只背鳍、臀鳍和尾鳍（不成对）。其名称是根据生长位置的不同而改变的。

硬骨鱼的胸鳍连接着颅骨，而软骨鱼类的胸鳍则是通过独立的软骨结构插入肌肉中。尾巴从肛门后部开始生长（与绝大部分脊索动物一样），通常在尾巴末端都会长有健壮的尾鳍，它是鱼类游动时的强力推进器。尾鳍的形状多种多样，有梭形、圆角形、镰刀形、豁口形、叉形、截断形等。例如，鲨鱼的尾鳍呈两叶状，上半叶长而下半叶短。这种类型被称为不对称歪尾型。而那些尾叶对称的类型则被称为对称正尾型。有些鱼类的脊椎一直延伸到尾巴末梢，尾鳍呈尖状，这种类型被称为原始正尾型。

对于背鳍，其外形有的很简单，如脂鲤；或者均匀分为"V"字形，如河鲈；再或者如鳕鱼，其背鳍分为三部分。有些鱼类的背鳍长在离鳍之后。还有一些鱼类，如鳗鱼（鳗鲡属），它们的背鳍可以延伸到尾部，与尾鳍相连接。某些硬骨鱼类，在背鳍和尾鳍之间还长有一个鳍，叫作脂鳍。

鱼类的腹鳍长在腹侧区域的任何部位。最常见的是腹部，但也有的长在胸部、颈部甚至下巴的位置。

绝大部分鱼类都会用覆盖全身的鳞片来保护自己。鳞片其实是皮肤最外层的衍生物，在漫长的进化过程中曾出现过形形色色的鱼鳞，有些非常大，而有些则十分微小。

鳞片
呈嵌套状分布。

后背鳍
许多鱼类的共有特征，由脂肪组织构成，因此也被称为"脂鳍"。

侧线
由一排微小的细孔组成，可以感知水流的变化。

臀鳍
帮助鱼类保持平衡，作用类似于船的龙骨

尾巴

尾鳍是鱼类游动时的推进器。根据游动方式的不同，鱼尾的形态也多种多样，有单叶片型的，也有双叶片型的。第一种是整叶片型的尾鳍，这是潜伏捕猎型鱼类的共有特征，这种尾巴能划动大量的水，可以让捕猎者发起突然袭击。第二种是双叶片型的尾鳍，划动水量较小。由于不会对水流产生太大的影响，因此拥有这种尾鳍的鱼通常都是游泳健将，它们两片尾鳍中的一片可以控制水流的方向。

尾鳍
像船桨一样为鱼类提供推动力。

白腹鲭
Scomber japonicus

鱼鳍
为鱼类提供动力，控制水流并保持平衡。身体两侧的鱼鳍成对生长（胸鳍和腹鳍），身体中间的鱼鳍单独生长（尾鳍、臀鳍和背鳍）。

对称正尾型
成对称状，是大部分硬骨鱼类的共有特征。

不对称歪尾型
尾巴的一半明显更长，这是鲨鱼的一种特征。

原始正尾型
尾巴成对称状且末端呈尖状，如肺鱼。

1/8
三文鱼的正尾型尾巴与身体的长度比例。

1/3
上下尾叶长度比例。

1/4
尾巴与身体长度比例。

生理构造

最具代表性的鱼类不仅拥有四足动物（如部分两栖动物、爬行动物以及哺乳动物）所具备的器官，同时也拥有十分独特的生理结构。例如，肌肉组织呈集束状，以便于游动。鱼类身体的大部分都由肌肉组织构成，因此其消化系统被压缩到身体前部。软骨鱼身体的内部结构与硬骨鱼类似，但还是有着某些重要的区别。

肌肉

肌肉组织能够让鱼类自主地活动，可以粗略地将其分为横纹肌或随意肌，内脏肌或非随意肌。

鱼类的消化道、呼吸道、循环系统以及腺体导管都是由平滑肌构成的。横纹肌的作用是负责鱼类的移动。肌肉组织由平行排列的细胞构成，通常会分区域固定在骨骼以及皮肤组织上，且垂直于结缔组织。肌肉细胞的长度是异质的，从头顶（身体前端）延伸到尾部（身体末端）。细胞的直径也不一致，相比之下，腹部的细胞更ězs。肌肉组织的功能单元即肌肉细胞，含有胞浆（肌细胞胞浆）、细胞核、线粒体、细胞器和肌原纤维。肌原纤维含有收缩蛋白、肌动蛋白和肌球蛋白，负责肌肉的收缩。这些蛋白或纤维会以非常独特的方式交替排列，在显微镜下肌肉组织呈横纹状。通过解剖可以观察到，腹部的肌肉组织比其他部分的颜色更红，这是由于其含有肌原纤维。红色的肌肉富含肌红蛋白，可以吸收氧气，从而能够使肌肉长时间不疲劳地工作。因此，那些需要进行长途迁徙的鱼类（如金枪鱼、鳕鱼、旗鱼）会拥有更大比例的红色肌肉。透明的肌肉含肌红蛋白较少，吸收氧气能力差，容易感到疲劳，但是可以在短时间内提供强大的爆发力。然而，肌肉的缺氧会提高乳酸浓度。只有当乳酸含量减少后，这些白色肌肉才能够进行新的活动。那些运动量较少的鱼类，它们的肌肉基本都是透明的，红色肌肉的比例几乎可以忽略不计。

消化

鱼类的消化道与其他物种一样，是从口腔到咽、食道、小肠，并最终由肛门（某些软骨鱼和肺鱼则是泄殖腔）连接到身体外部。鱼类的咽部通过鳃腔室与外部连通，延伸至食道区域。食道具有很大的弹性，并且有分泌黏液的分泌腺，这有利于将食物运送到胃部。食道的横纹肌不但延展性良好，而且在必要时还具有反刍功能。

在某些情况下，鱼类胃肠的长度要大大超过身体长度。鱼类胃部生长呈"U"形、"Y"形、"V"形等，而肠道则弯曲生长。一些鱼类，如海马和全头鱼没有胃部结构，胃部的消化功能是由肠道代替完成的，因此它们的肠道会更长。肠道的长度还会受其他因素的影响，例如食物类型。肉食性鱼类的肠道通常较短，同时其内部褶皱较多，用以增加吸收面积；草食性鱼类的肠道则较长，且内部无阻碍食物运输的褶皱结构。

某些鱼类还拥有一个叫作幽门盲囊的麻袋状器官，长在肠道前面，参与消化过程。这些鱼类的肠道同样较短。鲨鱼、鳐鱼和银鲛在肠道最后一节长有一

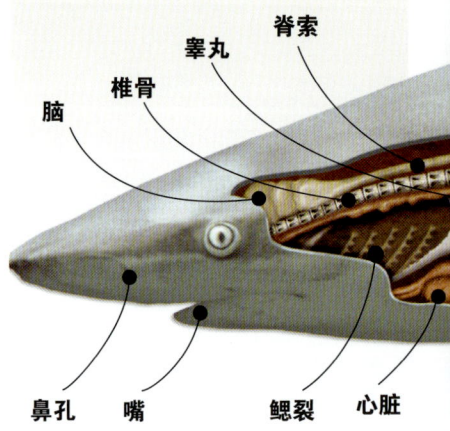

软骨鱼纲

鲨鱼、鳐鱼和银鲛与硬骨鱼有着大致相同的骨骼结构，但不同的是它们没有鱼鳔，因此它们只能不停地游动或者沉在水底，而无法在水中保持静止漂浮的状态。

个阀线圈状的结构，呈螺旋形，这样的构造让它们拥有了更大的吸收面积。口腔中还有一些涉及消化过程的构造。硬骨鱼的舌头非常不发达，但是对于盲鳗和七鳃鳗来说，舌头的作用非常重要，可以用于存留食物以及捕获食物。其牙齿（与盾鳞结构同源）通常坚硬且锋利，作用是对食物进行初步的机械物理分解。但是鱼类无法像哺乳动物那样咀嚼，它们只能将食物切割成小块，或者干脆整个吞下。

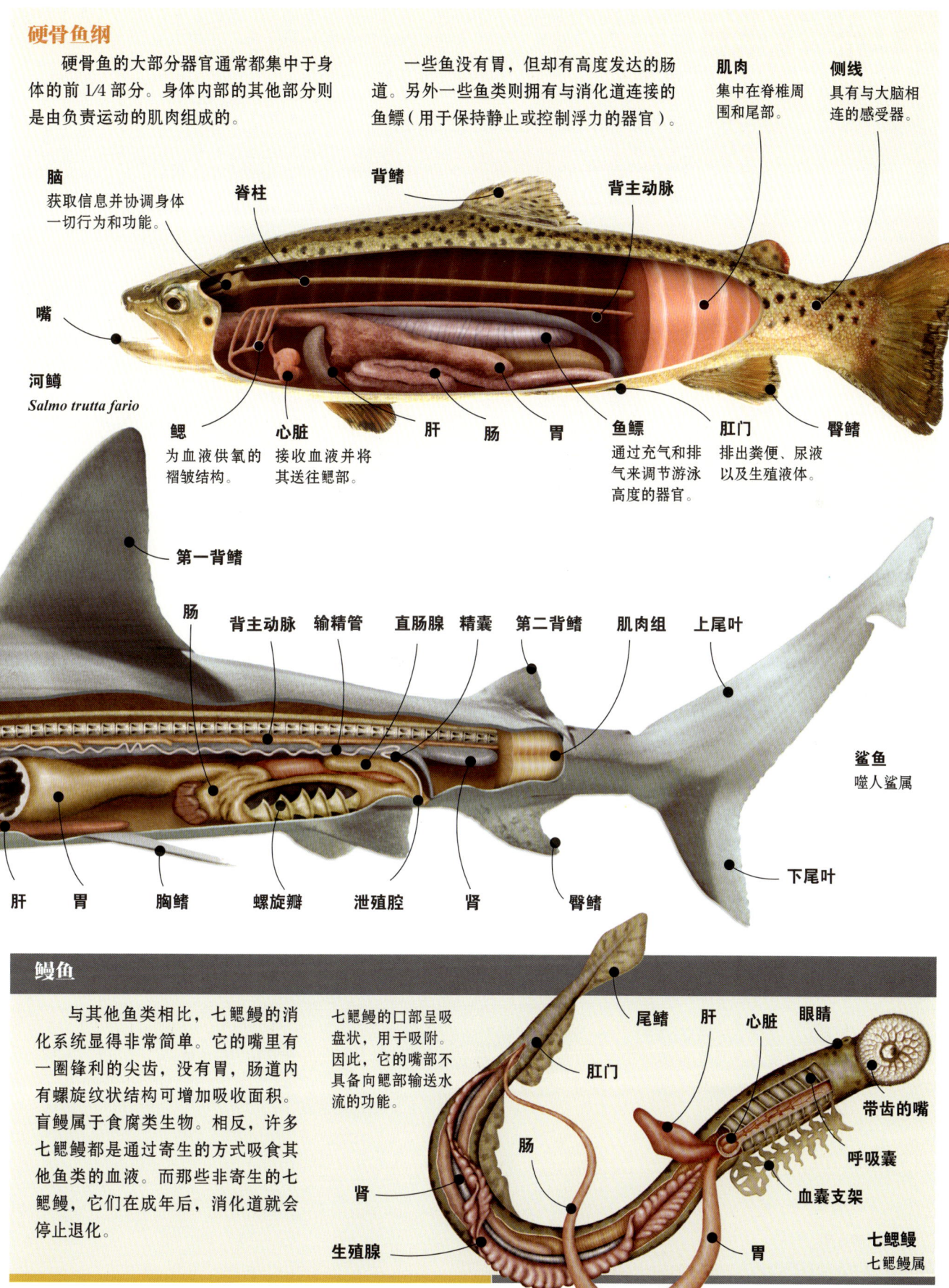

结构与功能

　　鱼类最常见的呼吸机制是水流由嘴部进入，从鳃部排出。水流在被排出之前会流经由大量毛细血管构成的薄膜结构层。其中的血液由心脏压送，吸收氧气，排出二氧化碳。这些气体并不是排泄活动的唯一产物，另外还有氨和尿素。

呼吸系统

　　新鲜的水流从口部进入，直达鳃部，最终流经毛细血管并实现气体的交换。

　　硬骨鱼的鳃由两片鳃盖保护，位于头部两边，由硬盖、肌肉和皮肤组成。七鳃鳗拥有七对鳃囊，每个鳃囊有两个鳃孔。当它进行呼吸时，水流从外部的鳃孔吸入，之后也以同样的方式排出。鲨鱼、鳐鱼以及其他同类型鱼类的呼吸方式与硬骨鱼类似。但是对于那些底层鱼类（如鳐鱼），它们则通过位于背部的气门吸入海水，之后水会流至腹部的鳃裂处并排出。生活在沼泽地区的鱼类具有辅助呼吸器官。例如，某些鲇科拥有一个"鳃腔"，但是没有普通的用于控制水流的鳃。

　　龟壳攀鲈（*Anabas testudineus*），可以在陆地上持续活动，它们拥有一个波浪状或螺旋状的特殊器官，能够在正常呼吸之余储存氧气，使它们可以在离开水后继续存活。肺鱼的名字来源于它们体内储存空气的气囊，但是在呼吸过程中这个气囊并不能完全代替鳃的作用。

　　有些鱼类可以呼吸空气中的氧气。例如鳗鲡，它们的皮肤也是呼吸的辅助器官。老鼠鱼（甲鲇属），它们可以把气泡吞下，利用血管丰富的肠道末端吸收氧气。有些鱼类在幼年阶段长有树状的外鳃。

循环系统

　　鱼类的心脏一般由一个静脉窦（附属物）、一个心房、一个由肌肉组织构成的心室以及一个动脉球（附属物）组成。血液从腹主动脉向前流动，腹主动脉连接着鳃部周围的鳃动脉（血液滞留）。血液由背主动脉的连续分支引导，流向身体后部。鱼类血液血浆（液体介质）的成分与其他脊椎动物一样，由红细胞、白细胞和血小板构成。鳄冰鱼属的鱼类由于缺乏红细胞，呼吸的气体由血浆运输。

排泄系统

　　新陈代谢所产生的废物包括二氧化碳（由体细胞产生）、大便（排便、食物消化残渣）以及氨或尿素（含氮化合物）。这些废物由不同的器官组织，经由不同的方式排出。例如，二氧化碳通过鳃片排放；肝脏处理多余的血细胞；肾脏从血液中分离氮气，并排出血液中多余的水；大便则经由肛门排出。如同硬骨鱼类通过消化过程排氮，软骨鱼类则通过尿液中的尿素排出氨气。硬骨鱼类肠道和尿道的出口是分别独立的。相反，鲨鱼和肺鱼则是全部通过泄殖腔排泄。

水下呼吸
由于体表覆有鳞片，鱼类难以实现皮肤呼吸，只能依靠鳃部完成气体交换

鳃呼吸

鳃是鱼类的呼吸器官，由鳃弓连起的丝状结构组成。鱼类可以通过鳃从水中摄取氧气，同时，通过扩散的方式，将氧气转移到其身体里最为分散的介质——血液中。呼吸也会将其体内的二氧化碳排出。

进行

水流通过口部，流向鳃部的鳃丝处。在吸收氧气之后，水流会从鳃盖处排出。

鳃盖

尺寸很大的硬壳，可以控制鳃的开合，从而控制用于呼吸的水流的排出。

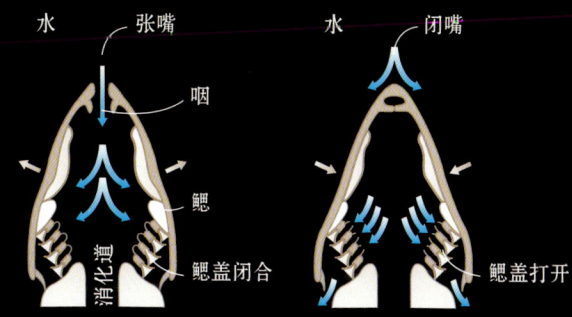

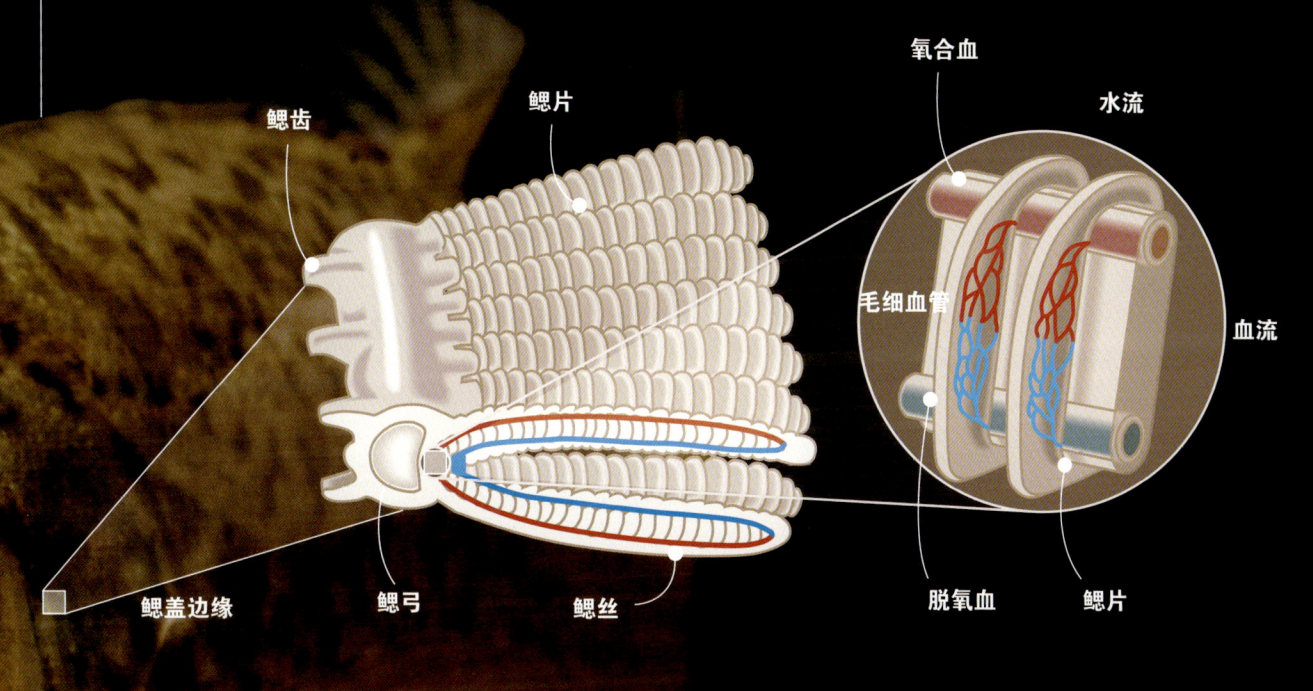

鱼鳔

鱼鳔是肠道前端上部的突起，为硬骨鱼专属。它通过灌入或排出空气来改变鱼身与水的密度比。其中的气体是由一个腺体从毛细血管网（可见膜层）中提取出的氧气，当排气时，由瓣膜控制其中的氧气，使其溶解到血液中。

排气

当鱼鳔排气时，鱼的体形变小，而质量不变，因此鱼身密度变大，在水中下沉。

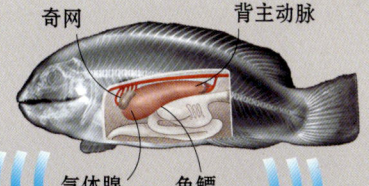

充气

当鱼鳔充气时，鱼的体形变大，而质量不变，因此鱼身密度变小，在水中上浮。

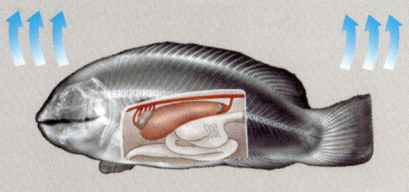

感官与习性

鱼类通过一些特殊的身体结构来适应生存环境，这些构造在其他脊椎动物中却不具备。它们能够听到远处的声音，察觉到浓度非常低的化学物质，视觉也非常发达；它们拥有电场和磁场的感应器官，与神经系统相连。但它们还必须克服一些基本的困难：在不同的水生环境下，对体内的盐分和水分进行调节。

嗅觉和味觉

鱼类的嗅觉十分特殊。显然，这个感官在觅食的过程中发挥着关键的作用，同时可以帮助鱼类判断其用于呼吸的水的水质。盲鳗只有一个鼻孔，七鳃鳗则拥有一个嗅觉囊，硬骨鱼和软骨鱼则有两个鼻孔。众所周知，食人鱼和鲨鱼对于水中的血液氨基酸气味具有超强的探测能力，探测距离也非常长。对于鲑鱼来说，嗅觉是它们找到洄游路径的重要手段，它们会依靠嗅觉回到老家产卵，然后幼鱼会在此长大。我们人类的鼻子以及嗅觉细胞，与口腔是相连通的，而鱼类则通常是分开的。嗅觉的感知会通过神经末梢直接传递到大脑的特定区域。口腔内味觉的感知是通过另一个独立的方式来传递的。

味觉神经通常位于口腔及口腔周围的皮肤、咽和鳃片上。鱼类身体的某些其他部位同样也具有味觉感应，例如像鲇鱼一样的底层鱼类，在皮肤、鳍以及触须上都具有特殊的味觉感应器官。某些种类的鲤鱼，其唇部还拥有外部感应器官。与硬骨鱼的体表味觉感应器官不同，鲨鱼和鳐鱼的味觉感应器官只集中于口腔和咽部。

视觉

鱼眼的结构较为复杂，不同种类的鱼具有各种各样的光学结构。例如七鳃鳗，它们的眼睛结构非常简单，而软骨鱼类的眼睛则十分发达。大多数鱼类的视力不会超过 5~10 米，在其他情况下还会被水的深度和浑浊度限制。鱼类通常没有眼睑，而其基本形状则与其他脊椎动物类似。

渗透调节
鱼类会调节自身的体液成分。淡水鱼会吸收盐分，而咸水鱼则会通过鳃和肾脏排出盐分。

鲨鱼及其近亲具有上下眼睑，但是不能完全覆盖眼球。相反，它们拥有一个"瞬眼睑"。它是一层透明的瞬膜，用以保护眼球。鱼类的眼睛在某种程度上已达到高度进化水平，例如眼睛"透镜"的晶状体，已经十分发达。鱼类可以依靠自身视力觅食，如褐鳟（*Salmo trutta*）。有些鱼类生活在特殊的环境中，如深海鱼，它们的眼睛呈现出特殊的进化模式，例如深海鱼中的巨尾鱼（*Gigantura chuni*）、管眼鱼（*Macropinna microstoma*）。

一些虾虎鱼的眼睛进化出了鸟瞰视野。四眼鱼（*Anableps anableps*）习惯在水面活动，由于它每只眼睛都具有两个瞳孔的特殊结构，使它能够同时观察水面上和水面下的情况。而有些鱼类则没有眼睛，或是眼睛不发达。相反地，还有许多鱼类已被证实拥有辨色能力。有些洞穴鱼类在幼年阶段不具备辨色的能力，它们需要在后天经过其他手段的引导来获得这一能力。底栖鱼类或是经常在水底活动的鱼类，它们的眼睛通常长在头部上方；而生活在开放水域的鱼类，它们的眼睛通常长在头部两侧。夜行鱼类的眼睛通常比白天活动的鱼类的眼睛更小，视力也更差。

深海鱼生活的环境永远见不到阳光，它们的进化模式非常特殊，通过一个叫松果体的腺体与外界沟通。松果体位于颅骨顶部，具有感光性（对光线敏感），无论白天黑夜，它都会对光线的变化做出调节反应。

松果体也被称为第三只眼。鱼类头部的一小块透明白色或是金属光泽的色斑巧妙地表明了松果体的位置。但这个器官并不能区分形状和颜色。七鳃鳗的松果体是十分发达的。

听觉

鱼类只有内耳,没有类似于哺乳动物一样的外耳。除了耳朵以外,硬骨鱼和软骨鱼还拥有至少两套使它们能够在水中感知声音的系统:侧线和表皮。一些鲨鱼可以感知250米外的低频率声音。

侧线是鱼类用于探测水流的感官系统。通过感知水压的变化,鱼类可以察觉到另外一条鱼的靠近,或者发现一个受伤或生病的潜在猎物。侧线是由一排肉眼可见的小孔组成的,这些小孔通常集中于头部,并延至全身,有些侧线是连续的,有些则是不连续的。鱼群里的成员可以在视力受限时通过侧线保持彼此之间的距离。一些硬骨鱼的听觉灵敏度是由其特殊的内部结构来增强的,例如鱼鳔和鳔骨。通常内耳还会负责保持平衡和感知方向。鳐鱼和鲨鱼拥有被称为洛仑兹壶腹的感觉器官,它由一排神经末梢组成,拥有许多改良过的神经细胞管,充满晶状胶质,其端部为囊状的体孔。

感官
鱼类的视觉十分发达,但是与众不同的嗅觉和味觉才是它们最为突出的特性。

这些器官非常敏感,能够感知机械性刺激以及温度和盐浓度。但它们最特别的地方在于具有感知生物发出的微弱电场的能力。通过这种方式,鱼类能够主动感知周围的潜在猎物。除了上述感官系统,软骨鱼类的头部还有凹陷和凸起的感觉器官。许多鱼类还可以通过骨骼摩擦或肌肉振动发出声音,并通过鱼鳔将声音扩大。

在第二次世界大战期间,鱼群发出的噪声经常会混淆对敌方潜艇发动机噪声的探测。

磁感

有些鱼类可以感知微弱的电场和磁场。对于视力很差的鱼类,这种能力很可能是用来与同类进行沟通和定位的。已经得到证实的是,软骨鱼类是依据地球的磁场进行迁徙的。其他鱼类,如黄鳍金枪鱼(*Thunnus albacares*),由于头骨中有类似磁铁的东西,因此它们也具备同样的能力。

渗透调节

鱼类必须保持体内水解盐处于一个固定的浓度。而这个浓度又往往与外部浓度不同。生活在海里的鱼类,由于体液浓度低于海水,常常面临着脱水的危险。它们会通过鳃或者其他特殊器官排出体内多余的盐分。

而淡水鱼类则会通过鳃排出体内多余的水。其实直到今天,盲鳗也不具备任何类似的调节系统。它们的调节是通过体内液体的渗透压与外部水压相对应来实现的。

淡水鱼

淡水鱼的生存环境让它们面临着盐分缺失的风险。它们只能减少饮水量,并通过食物和鳃来获取额外的盐分。此外,它们还会通过排出大量低盐浓度的尿液来控制体内浓度。

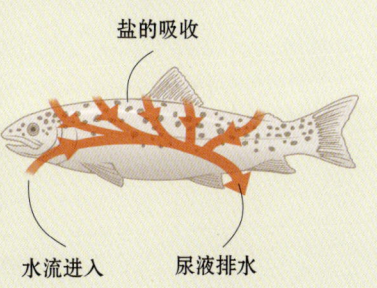

盐的吸收
水流进入　尿液排水

咸水鱼

硬骨鱼不断地吸收盐水以完成代谢,但是也需要排出身体里多余的盐分。它们的鳃会分泌出盐分。软骨鱼类不喝水,它们只产出很少的尿液,并且有一个专门的盐分排泄器官。

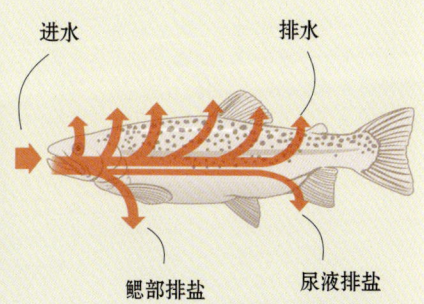

进水　排水
鳃部排盐　尿液排盐

鳞片

鱼类并不是唯一具有鳞片的物种，很多物种都有自己代表性的鳞片。尽管十分巧合，但这样一种保护层却是通过很多很复杂的途径演变而来的。鱼类的鳞片一般是由真皮——皮肤内层部分演化而来的，主要起保护作用。

特别的覆盖物

大多数鱼类都是由透明鳞片所组成的外部保护层来保护的。同种鱼类中的所有个体，其所拥有的鳞片数量都是相同的，但是不同科属之间的鱼类，其鳞片数量则不尽相同。鱼身上的侧线部位有一排小孔，将鱼体表面和体内感官细胞以及神经末梢相连通。另外，通过观察鳞片还可以得知鱼的年龄。

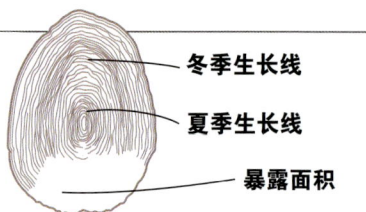

鳞片的数目
鱼类鳞片的数量不会增加，但尺寸会变大。因此鳞片上会出现年轮，以此可以判定鱼的年龄。

- 冬季生长线
- 夏季生长线
- 暴露面积

鳞片的形成

大多数鱼类的鳞片都是由真皮演化而来的。例如鲨鱼，它们的鳞片是从皮肤下真皮层的硬块结构生长而来的。

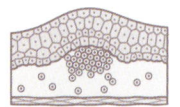 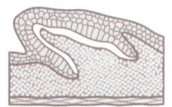 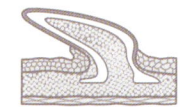

1 溶胀
一组细胞不断再生，直到形成凸起。

2 堆置
表皮细胞分泌齿质，增加尺寸和斜度。

3 鳞片
齿质被更加坚硬的釉质覆盖，形成鳞片的最终形态。

边缘
鳞片边缘的特点是重叠，且质感光滑。

- 外部中心
- 内部放射

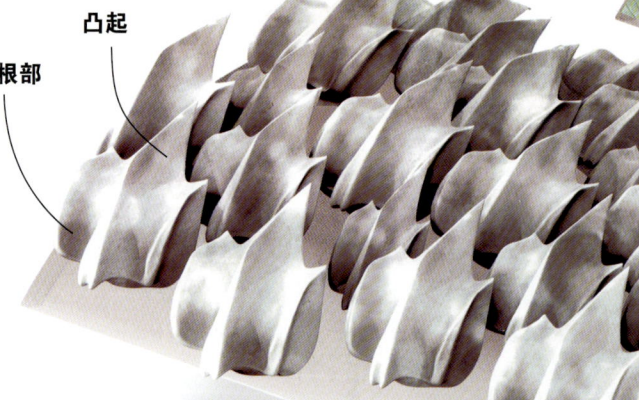

- 凸起
- 根部
- 鳞片齿质　釉质
- 基板　光滑的釉质表面

盾鳞
盾鳞为软骨鱼类以及一些古老鱼类所特有。其结构类似于磨砂纸，由釉质和齿质构成，基板埋在真皮内，外部则为凸起状。盾鳞的尺寸通常很小。此种鱼类的鳞片和牙齿是同源器官，有一样的结构和成分。

圆鳞
硬骨鱼中较为常见。通过重叠的排列方式形成光滑且灵活的保护层。其形状为圆形，表面平滑，如鲤鱼和鲭鱼。

大青鲨
Prionace glauca

褐鳟
Salmo trutta

鱼类（上） 17

鳞片化石
图中的鳞片化石属于早已灭绝的中生代鳞齿鱼。

演变
刺猬鱼的鳞片呈刺状，可以用来保护自己。

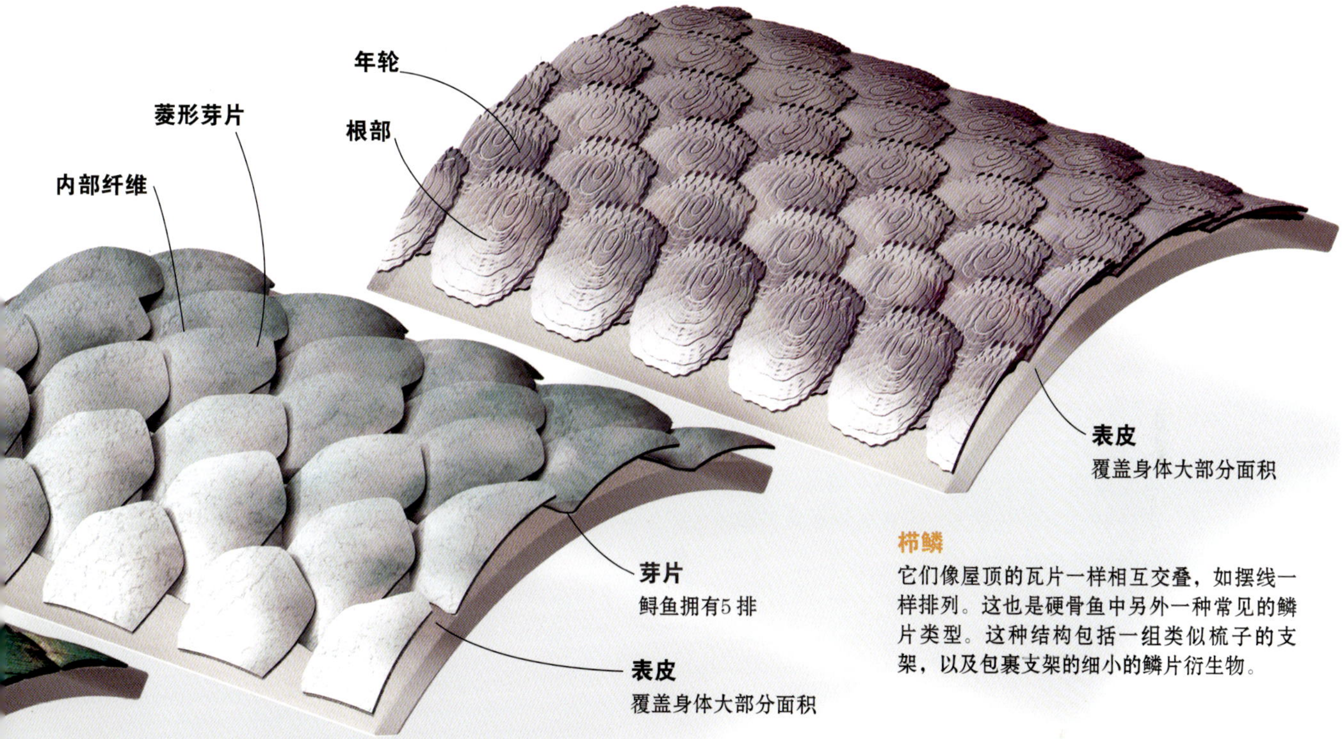

- 年轮
- 根部
- 菱形芽片
- 内部纤维
- 表皮
  覆盖身体大部分面积
- 芽片
  鲟鱼拥有5排
- 表皮
  覆盖身体大部分面积

栉鳞
它们像屋顶的瓦片一样相互交叠，如摆线一样排列。这也是硬骨鱼中另外一种常见的鳞片类型。这种结构包括一组类似梳子的支架，以及包裹支架的细小的鳞片衍生物。

硬鳞目
菱形芽片，有纤维组织交织其中。因其鳞片坚硬光洁而得名，例如鲟鱼。

欧洲鲟鱼
Acipenser sturio

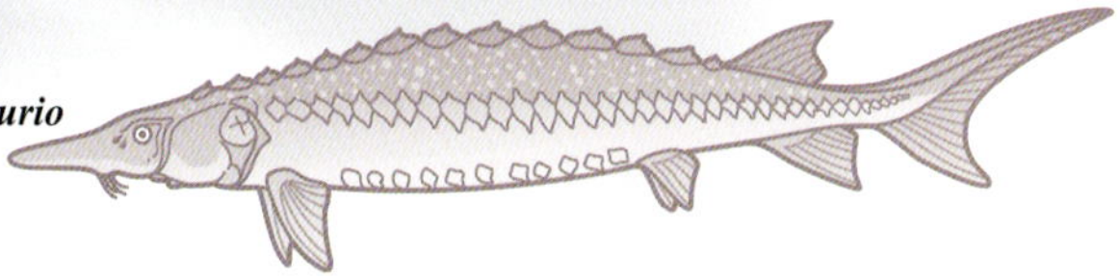

河鲈
Perca fluviatilis

皮肤质地

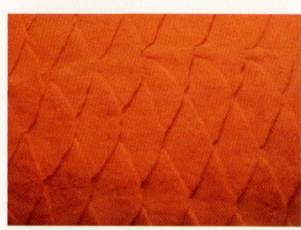
皱曲
栉锉蛤属的脊和凸起造成了其不规则的皮肤表面。

粗糙
许多鲨鱼的皮肤都如同磨过砂一般，极为粗糙。

柔软
环形棘皮纲鱼类的皮肤普遍光滑且柔软。

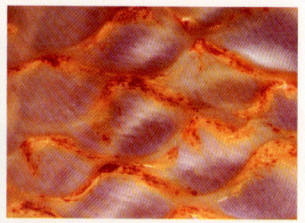
坚硬
澳大利亚肺鱼全身都覆盖有坚固的铠甲。

颜色与体态

在浩瀚的海洋中生长着各种色彩和形态各异的鱼类。它们能够根据所处的环境和所进行的动作变换自身的颜色。这种变化可能取决于含有色素的细胞，在其他脊椎动物中也可见到。鱼类的形态也是多种多样的，根据基本生物结构可分为两大类：纺锤形，如金枪鱼和鳕鱼；侧扁形，如比目鱼和鳐鱼。

色素细胞

色素细胞是指有色素沉着的细胞，能够感知来自外界以及身体内部的刺激，由其中所含色素种类的不同来区分类别。携带有黑色素的细胞被称为黑色素细胞，它们负责黑色和棕色的显像；黄色素细胞和红色素细胞内含有类胡萝卜素和蝶啶，负责橙色和红色的显像；含有嘌呤和鸟嘌呤的红色素细胞负责白色、银色、蓝色以及其他颜色的显像。鱼类之所以看起来色彩斑斓，就是因为这些色素细胞能够改变光线的方向和角度。

淡水天使鱼（神仙鱼属）能够突出自己的黑色素细胞。而在剑尾鱼（剑尾鱼属）的鱼尾处，黄色素细胞和红色素细胞则占据主导。许多鱼类在身体两侧的上端长有彩虹色素细胞，例如银板鱼（银板鱼属和四齿脂鲤属）和凤尾鱼（鳀属）。霓虹灯鱼（*Paracheirodon innesi*）的蓝色虹彩则是鸟嘌呤晶体的作用，而非色素作用。

色素细胞内颜色的变化可以经由生理学（神经或激素）和形态学两方面的刺激来实现。对于许多鱼类来说，通过水体酸碱或是温度的改变，它们体内的色素能够在感光细胞中聚合或分散。得益于这个神奇的机制，许多鱼类能够在短短数秒之内改变自身的颜色。相反地，形态性的颜色改变是通过色素数量的变化来实现的。这种变化进行得很慢，是鱼类皮肤调节的结果，会根据周围环境的情况使自身颜色变得明亮或黯淡。

迷幻的色彩
由于其醒目的颜色，花斑连鳍䲗（*Synchiropus splendidus*）是水族爱好者最为喜爱的鱼类之一。

颜色多样

虽然鱼类有着各种各样的颜色，但实际上它们中的许多成员并不希望得到太多关注。因此，大部分鱼类并不是彩色的，它们会通过自己深色的背部和透明的腹部，使自己完美地隐藏于水中。

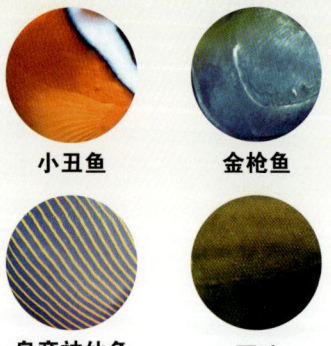

小丑鱼　　　金枪鱼

皇帝神仙鱼　　丁鲹

多种形态

水的密度是空气密度的 800 倍，它影响着鱼类的外形。游动速度快的鱼类身体呈纺锤形，这也是大多数鱼类共有的外形。游动速度较慢但耐力足的鱼类，身体呈延长形。底栖鱼类的身体呈侧扁形。

另外，还有某些鱼类身体呈球状或盘状。水流摩擦力对鱼类的外形同样具有重要的影响，因为它直接作用于鱼身表面，并与鱼身长度成正比。综上原因，大部分鱼类体形既不高也不胖，既不会太长也不会太扁。

欧洲鳗鲡（*Anguilla anguilla*）的身体呈细长的圆柱形。

鲹鱼的外形则是混合形态（鲹科）。

智利油南极鱼（*Eleginops maclovinus*）的身体呈纺锤形。

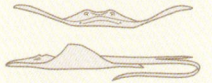
背腹扁平，是蓝纹魟（*Dasyatis pastinaca*）的共同特点。

长刺真鳂（*Holocentrus rufus*）的身体从侧面看呈纺锤形，从正面看呈侧扁形。

印度太平洋的主刺盖鱼（*Pomacanthus imperator*）的身体呈方形侧扁形。

色彩有什么用？

深海浮游鱼类通常都会在背部集中黑色素细胞，使背部的色彩变得灰暗。而彩虹色素细胞则从身体中部开始延伸至腹部。这种色彩分布模式的作用是伪装，尽可能减少鱼类自身所产生的阴影轮廓。这种现象十分普遍，比如金枪鱼（金枪鱼属）、鲱鱼（鲱属）和凤尾鱼（鳀科）。在深海鱼类中经常能看到非常奇怪和特别的颜色，但主要是红色和黑色。另外，穴居鱼类由于生存环境的特殊性，大多不具备视力，因此也不具备颜色，如乔氏丽脂鲤（*Astyanax jordani*）。其他一些具备颜色的种类，它们的颜色也是为了能让它们隐遁于周围的环境中。例如蓝帆变色龙（*Badis badis*），它的身体可以呈现出 11 种不同的颜色。

另一个有趣的例子是贝氏铅笔鱼（*Nannostomus beckfordi*），白天体色呈一条横带状，夜晚则会"获得"三条纵带——这样可以使它更好地隐藏于水生植物群中。毫无疑问，最让人叫绝的藏身方式当然是"隐形"。印度玻璃鱼（副双边鱼属）以及玻璃猫鱼（*Kryptopterus bicirrhis*）的身体呈透明状态，以此来避免自己被掠食者发现。有时候，体色可以用来分散敌人的注意力或是混淆视听。蝴蝶鱼（蝴蝶鱼科）的体侧有类似眼睛的花斑。这样的警告行为对于高欢雀鲷（*Hpsypops rubicundus*）来说是十分重要的，它们会利用醒目的橙色来宣示自己的主权，告诉其他同类这里是它的地盘。这些体色也可以用来识别个体或者分辨性别。

为了生存，很多物种都会伪装成其他物种。比如，盾齿鳚会模仿裂唇鱼（*Labroides dimidiatus*）的一切，从外形到颜色甚至动作。这样的颜色和形态无疑会迷惑被模仿者，从而允许它们靠近自己。通过这种巧妙的伪装和一系列哑剧般的表演，假鱼医生（盾齿鳚属）能快速地接近其他大型鱼，并啄食它们的鳍、皮肤和鳞片。

有些鱼类会在兴奋或是发生其他心理反应时变色。例如红魔鬼慈鲷（丽体鱼属），当它准备进攻或感到危险的时候，体色会变暗。比目鱼（比目鱼科）会根据自身周围环境的情况调整身上的斑点，使自己隐藏于泥土中，从而更好地捕获猎物。鱼类的体色还与体温有关。有些鱼类的体色会在清晨变暗以便更好地吸收热量，之后随着温度的升高，体色也会慢慢变得明亮。

普氏鲉

（*Scorpaena plumieri*）其体色就是对捕食者们最直接的警告。

活动

水的密度不仅决定了鱼类的体形，也影响着鱼类的活动方式。与其他脊椎动物不同的是，重力对于鱼类的影响微乎其微。鱼鳔以及其他储存油脂的结构能够保证鱼类有足够的浮力。然而，也有一些物种，例如鲨鱼，却不具备这样的结构。

1 准备活动
鱼类开始活动时，会先将头部向左右摆动，然后将身体呈波浪状摆动。

身体从后向前呈波浪状来回摆动。

尾巴向两侧移动、划水。

开始运动时尾部与头部在同一水平线上。

流体动力学的体形
这样的体形可以保证身体前半部分所产生的水流阻力较小。

头部来回摆动。

运动

鱼类的运动不仅受水流密度的影响，更受水流阻力的影响。水流的密度和黏稠度是空气的800倍，因此在水中活动会消耗非常多的能量。然而水中的含氧量比空气中少了95%以上，因此鱼类不得不想出各种各样的办法来减少两种类型的阻力或摩擦力。鱼身和水流（摩擦阻力或黏性阻力）之间会产生惯性，这是由水流中不同部分的压力差所产生的。

鱼类通过不断的演化，来改进自身的流体学结构，使之与水流相适应。迄今为止，鱼类约有10种不同的运动模式，包括身体的波浪状运动或是鱼鳍的摆动运动。

大部分种类的鱼都会在水流湍急时收缩身体一侧的肌肉，同时放松另一侧的肌肉，促使身体从头到尾都产生张力。鱼类的游动是通过合力实现的，其中横向的推动力来源包括头部、鱼鳍，也有一些力量来源于躯干。运动方式根据参与运动的身体部位的差异而不同。

运动方式

许多鱼类都是通过身体的水平摆动以及尾鳍的摆动为身体提供推力的。根据参与运动的身体部位的不同，可以大致分为四种运动方式。鳗鱼（鳗鱼属）是鳗鲡目的代表鱼类，通过身体高频率的小幅摆动为自己提供推力。

相反，大部分摆尾式运动的鱼类都是通过背部的力量为自身提供动力的。有些鱼类在进化过程中，速度变得更快，但却因此不得不牺牲对身体的调控能力，身体机动性较差，也比较僵硬。鳟鱼（鳟属）就是这种鱼类的典型代表。游得更快而且身体更加"僵硬"的鱼类要数摆尾式运动的鱼类了，它们的动力几乎全部由身体后半部分以及尾鳍来提供。这类鱼比较特殊，并且能适应持续的游动。普通鲭（*Scomber scombrus*）拥有一副非常健壮的身体，同时其所产生的水流阻力也比较小。它们的尾巴很薄、呈新月形并且很结实，还具有隆起脊，以便减少水流阻力。

鲨鱼

鲨鱼属于软骨鱼类,因此它们不能依靠骨骼进行肌肉活动。它们是通过皮下肌肉的收缩来完成自身的波状运动的,其功能像是外部的肌腱一样,利用反弹效应产生推力。鲨鱼圆柱形的身体内部的压力变化是这种推进力的来源。另外,鲨鱼没有鱼鳔,它们会像鸟扇动翅膀一样摆动胸鳍,从而在水中攀升或是保持同样的水位。

肌肉
鲨鱼尾鳍肌肉非常发达,像船桨一样运动。

红色肌肉
缓慢地定向运动。

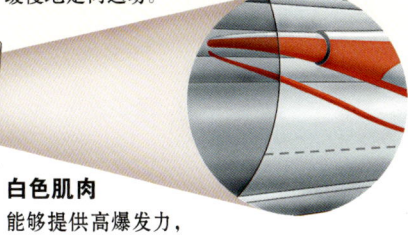

大白鲨
Carcharodon carcharias

白色肌肉
能够提供高爆发力,但容易疲劳。

2 力量
鱼类的力量是通过脊柱两侧的肌肉交替运动来提供的,特别是尾部的肌肉。

摆动动作通过前端背鳍来完成。

波浪接触背鳍,尾鳍开始向右侧摆动。

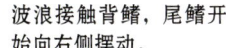

摆动使身体向前运动。

3 运动周期
当尾鳍摆动至最右侧,头部也会向右侧摆动,并准备重新开始之前的一系列运动。

猫鲨
猫鲨属

特殊动作

有些鱼类能在海底爬行,如蛤蟆鱼,还有一些鱼类可以在陆地上爬行,如攀鲈(攀鲈科)和鳢鱼(鳢科)。这是因为它们所具备的复杂器官可以让其利用空气存活。巨骨舌鱼(巨骨舌鱼属)能够跳起到距离水面2米的高度。飞鱼(颌针鱼目)以及齿蝶鱼(齿蝶鱼科)能够通过胸鳍的振动实现长达50米的飞行。

为了维持肌肉的高强度运动,鱼类的体温维持在一个较高的水平,这种现象被称为伪恒温。如金枪鱼(金枪鱼属),身体强壮,速度极快,并能够长时间维持高速运动。其尾鳍和尾根(尾鳍和躯干之间的部分)会完成所有的横向运动。这种类型的运动方式主要集中于中上层水域的捕食性鱼类,例如鲭鲨(鼠鲨目)、金枪鱼(鲭科)和马林鱼(旗鱼科)。其他类型,如箱鲀鱼(箱鲀科)和电鳐(电鳐目),在运动时只有尾鳍摆动,身体几乎完全保持刚性。而在从一侧到另一侧的水平运动上,振荡运动要优于波浪形运动。这种运动模式被称为箱鲀科模式。

另外五种运动方式均是利用身体中部或体尾结合部的鳍来实现的。

水中纪录保持者

灰鲭鲨(*Isurus oxyrinchus*)的速度可以达到124千米/时,被认为是海洋中游速最快的鱼类,也是旗鱼(旗鱼科)的天敌——旗鱼的速度可达110千米/时。灰鲭鲨的速度来自于它完美的流线型身体、强壮有力的肌肉、半月形的尾鳍和长长的锥形鼻,还有一个能使自身体温高于周围水温的热交换系统——这能让灰鲭鲨的肌肉在突击时爆发出平时3倍的力量。

然而,游动并不是唯一的移动方式。有些鱼类能够在海底行走,如合齿鱼科。还有能攀爬的,能打洞的,甚至还有能飞起滑翔的。

食物

鱼类的饮食异常丰富，小到浮游生物，大到鲸类，无所不有。在鱼类这个群体中，脊椎动物的颌骨（包括肌肉和骨骼）、牙齿、咽弓以及消化系统根据其食物种类的差异进化出了各种不同的特点。所有关于身体形态与结构、感官系统以及着色的进化，都是出于一个目的：在进食时最高效率地获得能量。

形态进化

在大多数情况下，一条鱼的外形就可以告诉我们它喜欢吃什么。例如，以其他鱼类为食的鱼类（肉食性鱼类），身体细长且强壮，有中等大小且更加靠后的尾鳍、长满又利又长牙齿的颌以及一张血盆大口。以浮游生物为食的鱼类（滤食性鱼类），身体侧扁，牙齿不发达，最特殊的地方在于它们与众不同的颌骨、咽弓和牙齿。现代硬骨鱼的特征之一，就是它们凸起的颌，以及吸管状的嘴。这样的骨骼形态可以在嘴巴张大时"弹射"上颚。这样便会产生抽吸力，使得猎物逃脱的可能性微乎其微。

最为极端的一个例子就是伸口鱼（*Epibulus insidiator*），它的上颌骨和下颌骨较头部突出了65%的长度。这样一来，它们的猎物（通常是甲壳类）几乎可以说是"送上门来"了。

鱼类的咽部构造经由鳃弓演变而来，可以被视为第二道颌骨。当食物进入口腔后，口腔便会压缩或闭合，之后便会进行食物的压碎、运输及消化。牙齿的存在可以让鱼类能够吃一些坚硬的食物，比如贝壳类、节肢类动物或植物类。例如迈氏德州丽鱼（*Herichthys minckleyi*）拥有细小的牙齿，便于撕咬植物。而以螺类为食，则在咽部长有磨牙（类似臼齿，坚固且扁平）。牙齿根据物种以及食物的差异而不同。即使同样是肉食性鱼类，也各有不同。

灰鲭鲨（*Isurus oxyrinchus*）、天使鲨（扁鲨属）、硬骨鱼如帆蜥鱼（*Alepisaurus ferox*），它们长有细长而锋利的牙齿，可用来捕获猎物。另外，还有其他许多种类的鲨鱼长有尖锐的三角形牙齿，这种牙齿的边缘通常为锯齿形，这样鲨鱼就可以通过甩动头部从而轻松地撕裂猎物。有些鱼类长有锥形的牙齿（被称为切牙，类似犬齿），能够让它们紧紧地咬住猎物，例如非洲虎鱼（狗脂鲤属）。

吃什么？

有些鱼类对饮食非常挑剔，有一些鱼则是有什么吃什么。有只吃海绵的，如主刺盖鱼（*Pomacanthus imperator*）；有只吃浮游生物的，如双吻前口蝠鲼（*Manta birostris*）；还有只吃珊瑚的，如角鲨。也有捕食甲壳类（虾和蟹）以及其他鱼类的，如灰鲭鲨（*Isurus oxyrinchus*），它也是剑旗鱼（*Xiphias gladius*）的天敌；有些鱼类专门吃无脊椎动物和寄生生物；还有些鱼类则会捕食海鸟和海洋哺乳动物，如大白鲨（*Carcharodon carcharias*），作为海洋霸主，它们特别钟爱的美食是鳍足类动物，如南海狮（*Otaria flavescens*），偶尔还会捕食海豚和鼠海豚（齿鲸亚目）。

牙齿

鲨鱼和食人鱼是趋同进化的典型例子。它们能够换牙，这是硬骨鱼通常做不到的。一些肉食性鱼类的牙齿组成是复合型的，前端为犬齿，后面为针状齿。还有一些肉食性鱼类则是在长长的犬齿之间混杂长有小而圆的锥形牙齿。

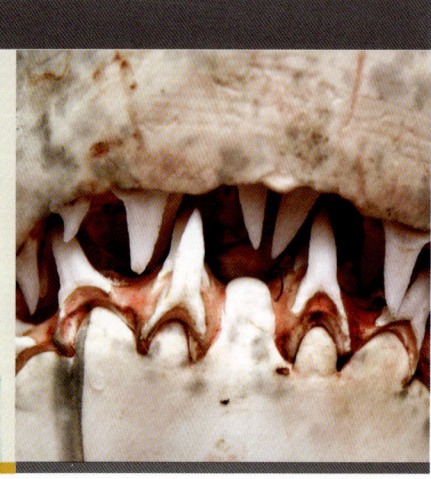

多样化饮食
可以吃浮游生物、植物甚至各种大型哺乳动物，捕食技术令人惊讶。

战术
作为捕食昆虫的肉食性鱼类，射水鱼有着特殊的战术，它会从水面跃起捕获猎物，最高可以跳离水面达 1.5 米的高度。

1 搜寻
射水鱼会从水面观察，寻找可能的猎物。它的大眼睛长在嘴的两旁，具有良好的双眼视觉。

2 发射
当它发现猎物时，便会把嘴伸出水面，向猎物喷射水柱，并通过下颚和舌头来控制喷射的方向。

3 跳跃
射水鱼不仅能够射击猎物，还能够跳出水面捕食猎物，将猎物带入水下吞食。巨骨舌鱼（骨舌鱼科）也拥有同样的技能，它能够跳离水面达 2 米的高度。

鱼嘴的种类
通过对鱼嘴的观察，能够得知鱼类的觅食方式。鱼嘴长于身体前端，俗称为"水柱"。鱼嘴向上打开的，是捕食上层生物的鱼类；鱼嘴向下打开的，则是在河流或是海洋底部捕食的鱼类。

射水鱼
（*Toxotes jaculatrix*）
十分擅于捕食水面上的节肢动物。

前端
鱼嘴向前打开，例如扁鲹（*Pomatomus saltatrix*）。

向上
鱼嘴向上打开，例如胸斧鱼（胸斧鱼科）。

管状
海马通过管状的无牙齿口器吸食猎物。

可伸缩
鱼嘴被颌骨保护，例如伸口鱼（*Epibulus insidiator*）。

濒危鱼类

尽管在世界范围内已经进行了多次调查，但是已确定种群数量状态的鱼类仍然不到10%。据估计，已知的1800种淡水鱼类的种群数量都在迅速下降，很多鱼类几乎已经灭绝。近600种鱼类可能已处在濒临灭绝的状态。过度捕捞、污染和气候变化是威胁鱼类生存的主要因素。

栖息地的丧失和污染

最容易受到环境影响的是栖息于淡水河流与小溪中的鱼类。海鱼的情况则有所不同，因为它们通常分布得很广。但是一些人类偏爱的物种遭受渔业捕捞，数量下降十分明显，而且捕捞过程也对其他鱼类造成了影响。

鱼类面临的首要威胁是生存环境的变化。而生存环境很大程度上取决于河流与溪流的河床地形。因为河床栖息着昆虫幼虫以及其他无脊椎动物，而这些是鱼类的主要食物来源。这里的水生植物为鱼类提供住处，岩石与树木保护鱼类免受湍流冲击，同时还为它们提供产卵地。航道的挖泥作业以及其他所有的河道清理工程都会侵蚀河床，这给许多物种造成了极大的影响。河流内铺设的管道同样也会对鱼类的生存产生影响。水流高速流动，河道环境日益同化，而鱼类在生长的某些阶段所必需的河流泛滥却越来越少了。此外，水电站的出现却阻碍了鱼类的迁徙。

在热带地区，丛林砍伐改变了陆地生物和水生生物的栖息地。

海洋环境中珊瑚礁的破坏，正在以惊人的速度和强度改变着地球上最为多样化的生物栖息地。而人类在这一过程中起着直接或间接的作用。珊瑚礁被开采用以造房或铺路，水族馆也会收集珊瑚礁。此外，外来物种的入侵、污染、全球变暖、酸雨，以及泄入河流或海洋的农业化学品，都对鱼类的生存环境产生了巨大的影响。

入侵者

外来鱼类的入侵会对许多本土鱼类造成影响，许多鱼类因此灭绝。例如南半球的南乳鱼科，由于鲑鱼的引进，正在慢慢消失。海七鳃鳗（*Petromyzon marinus*）通过人类挖掘的河道进入北美五大湖，给这里的本土鱼类带来了灭顶之灾——它们会捕食本土鱼类的鱼卵、幼鱼乃至成鱼。另外，外来的物种往往伴随着外来的疾病。例如，一种引起疖疮的杀鲑气单胞菌，正被人类传播到世界各地。最初流行于美国西部，在那里造成了灾难性的影响。

过度捕捞

过度的海洋商业捕捞导致了一些鱼类的灭绝。

远东拟沙丁鱼（*Sardinops sagax*）的捕捞量在1937年达到峰值（79万吨）。从那时起，它们的群体数量开始下降。由于其数量的迅速减少，到1968年时，远东拟沙丁鱼再也无法用以商业捕捞。类似的情况还有秘鲁鳀鱼（*Engraulis ringens*）。1969年，秘鲁还是当时世界上主要鱼类产出国，而其产量的98%都是秘鲁鳀鱼。1970年，秘鲁的鳀鱼产业即遭崩溃。最具代表性的例子便是北方蓝鳍金枪鱼（*Thunnus thynnus*），其库存量自1972年至1992年下降了90%。北方蓝鳍金枪鱼在日本市场上非常珍贵，现在一个标本便可以卖到数万美元。鲟鱼（鳇属和鲟属）的未受精卵子是制作鱼子酱的原料，因此它的生存状况也不容乐观。

另一个主要威胁来自于无差别捕捞，捕虾船在收网时总是会捕捞上来一些非商业用途的鱼类。许多组织已经采取措施，通过特殊的渔网设计以及捕捞方式的改变来防止鱼类的物种灭绝。

近期影响

英国石油公司墨西哥湾400万桶石油泄漏事故以及日本福岛核电站泄漏事故，对海洋造成的影响将会间接地对全世界人类产生影响。

2010年墨西哥湾石油泄漏事故

保护情况

　　这张地图显示了濒危海洋鱼类以及它们所面临的威胁，但值得注意的是，许多栖息于河流、溪流或是其他淡水流域的鱼类也面临着同样的危险。例如生活在伊比利亚半岛瓜迪亚纳河流域的西班牙鳑鱼（*Anaecypris hispanica*）、厄瓜多尔安第斯流域特有的尤氏视星鲶（*Astroblepus ubidiai*）极度濒危；湄公河巨型鲇鱼（*Pangasianodon gigas*），世界上体形最大的淡水鱼之一，同样濒临灭绝；平头鳟（*Salmo platycephalus*），土耳其的特有品种，其生存正面临威胁。对这些淡水鱼类的研究，与对海洋鱼类的研究一样，对于了解它们的生存状态并制订保护措施有着非常大的帮助。

鲸鲨
Rhincodon typus

　　生存状态受故意捕捞和无意捕捞的威胁。近年来，一些国家开始引导开发鲸鲨的旅游业价值。

欧洲鳇
Huso huso

　　由于海洋中的欧洲鳇被过度捕捞以及入海口产卵地的捕捞活动，该物种已经濒临灭绝。

矛尾鱼
Latimeria chalumnae

　　19 世纪后期，人们普遍认为该物种已经灭绝，直到 1938 年一条矛尾鱼被捕获。该物种目前濒临灭绝。

南方蓝鳍金枪鱼
Thunnus maccoyii

　　被过度捕捞至几乎灭绝。例如，在 20 世纪 60 年代，南方蓝鳍金枪鱼每年的捕捞量高达 8 万吨。

波纹唇鱼
Cheilinus undulatus

　　由于过度捕捞而濒临灭绝。体重可达 200 千克，分布在红海到澳大利亚的印度太平洋弧线上。生活在珊瑚礁群中。

无颌鱼类

盲鳗和七鳃鳗均为早期的脊椎动物。经过4亿年的时间，它们成为该组鱼类幸存的品种。此类鱼种无下颌，因此得名。圆形嘴，牙齿角质化，摄食方法是将含有微小动物和沉积物的水吸入口中。

一般特征

盲鳗和七鳃鳗都是现存最原始的鱼类。它们的身形细长，无鳞，附有黏液腺。骨架由软骨组成，且具有脊索，心脏可见心房和心室。七鳃鳗具有7对鳃孔，盲鳗的鳃在1~16对之间。七鳃鳗无胃部，体内可见一根螺旋形的肠子。体外受精。七鳃鳗处于幼虫阶段的时间较长。

门:	脊索动物门
纲:	2
目:	29
科:	140
种:	5400

盲鳗

由于它们的眼睛萎缩，并被皮肤覆盖，因此，实际上它们是没有视力的。无成对的鱼鳍，嘴边长有触须。拥有1~16对的咽囊或鳃。

盲鳗

此种鱼类无视力，非常贪吃，在现今的等类无颌脊椎动物中，其表现出来的特征如下：仅长有一个鼻孔，器官不配对，无交感神经系统，也无脾脏及鳞片。它的尾巴近似圆形，嘴周围长有许多指状的感官触须。口腔内并排长有三角形的牙齿，非常锋利（一颗牙齿位于基部，其余牙齿长在舌头上）。体腹内侧覆盖着一层不分界的斜肌，直条肌让它们具备了强大的扭转能力，可以随意扭曲身体。循环系统中拥有一个间隔系统，将主要的心脏器官以及各种附件器官和动脉、静脉连接起来。可以依据其牙齿的数量以及鳃囊的差异来区分此种鱼类的属。

一般来讲，它们的鳃囊不直接连通体外，而是通入一根长管，两侧均以一个单独的开口连通体外。副盲鳗属的日本种鱼并没有出现此管，取而代之的是分布在两侧的16对鳃裂。同样，黏盲鳗属两侧的鳃裂数在5~14对之间。记载中最长的盲鳗身长可达80厘米（大西洋盲鳗）。

盲鳗结

盲鳗可以将自己盘绕在一起，像一个结一样。当面对侵袭者时，它们就会采用这样的体位，并分泌大量的黏液来躲避危险，而且这种方式也便于它们将猎物的肉撕碎。

便于撬开

接触到猎物之后，它们会从尾部开始，将整个身体由外向内盘成一个结。

鱼类（上）　27

七鳃鳗
眼部很发达，具有背鳍。主要以吸食猎物的血液为食，它们会黏附到猎物上，利用特殊的嘴进食。拥有7对咽囊或鳃囊。

独特的进食方式

嘴基部的牙板依靠牵引肌和牵缩肌的活动可前后移动。盲鳗一旦接触到食物，牙板就开始回缩，带动牙齿把食物嚼碎后传送到嘴里。

该动作非常迅速，并在整个摄食过程中持续。每咬一口身体后端便打一个结，并以此为支点，利用包裹在身体上的黏液将其滑动到嘴附近的高度，之后将结沿着身体拆散。这些都是重复动作，而且速度非常快。

栖息环境与习性

栖息于温带或寒带的咸水水域，活动水深范围在30~1000米之间。盲鳗是非常稀有的动物品种，它们面临威胁时，体侧的众多毛孔会分泌出大量的黏性物质，所以也曾被称为"黏鳗"。在某些区域，盲鳗的数量非常多，它们喜欢待在淤泥或黏土多的底部，把自己的身体埋在其中，仅露出嘴部或触须。它们仅通过嗅觉寻找食物。一旦锁定了前方的食物，就会从泥中蹿出，像蛇一样横冲向猎物。它们非常贪婪、迅猛，主要以腐肉、垂死的鱼以及底栖生物为食。当落入渔网时，它们会钻入其他鱼类的鳃中，吞噬其内脏，从而给人类造成非常大的损失。盲鳗身体分泌的大量黏液除了可以帮助其顺利入侵外，还可以导致受害者窒息。值得关注的是，因为盲鳗是体外受精的鱼类，所以在其繁殖过程中产出的卵子和精子的数量都很少。在同种的盲鳗中，我们可以看到雌鱼和雄鱼，也可以发现雌雄同体的个体，甚至还有无生殖能力的个体。

摄食

七鳃鳗的口如吸盘，并长有大量的角质牙齿。通过这种构造，它们可以黏附在猎物身上。在牢固地吸附猎物后，它们会伸出表面粗糙的舌头，像锉刀一样穿透外皮，开始吸食猎物体液以及刮磨过程中产生的皮肤和肌肉碎屑。

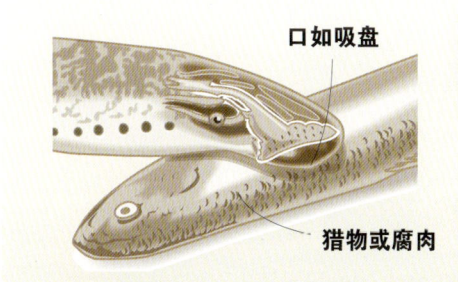
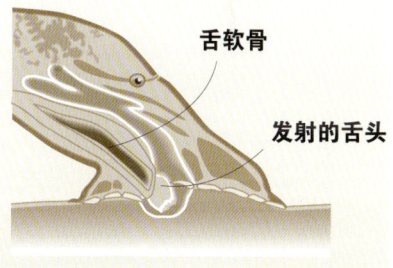

1 吸食
七鳃鳗以活鱼或死鱼为食，它们用唇和角质牙吮进食。

2 刮磨
一旦吸附住猎物，它们便会发射出角质舌头来刮肉，并分泌出抗凝血的物质。吃饱喝足后，便会脱落。

七鳃鳗

其嘴部呈漏斗状，周围长有短蔓脚，圆柱形的舌头依靠强大的肌肉组织进行灵活的运动，嘴中还长有牙齿以及腺体，其分泌物可以防止猎物血液凝固。七鳃鳗捕食食物时，嘴像吸盘，舌头做伸缩运动，用牙齿进行刮磨，以便吸食。当七鳃鳗游动时，水从口腔顺着咽部灌入鳃囊，然后从鳃裂排出。它们用吸盘一样的嘴咬住猎物的同时，水也会跟着流入，并在肌肉组织的压力下从鳃裂排向体外。它们的鳃像硬骨鱼的鱼鳃那样是独立的，无鳃弓支撑，呈膜囊状。七鳃鳗的黏膜细胞分布在皮肤下，体积相对较小，数量多。

在身体内部，肌肉细胞分布在全身各个位置，以"W"字形的方式重叠排列，游动的时候呈波状运动。身体外部不成对的鱼鳍增加了体表的面积。

物种繁衍

雌雄异体。一些鱼种的雄鱼会率先到达产卵地点（位于河流上游）搭建巢穴，它们会挪动那里的石头，筑成一个可供雌鱼让身体垂直进入并产卵的巢。七鳃鳗的巢穴被侵占时，一般会是被一对"夫妻"入侵，驻守的雄鱼会将入侵者赶出。在产卵时，雄鱼会用头或是用鳃部顶着雌鱼，并用尾巴包裹住雌鱼的身体，好让泄殖腔并列在一起，随后会经过一段时间的强烈振动，此时便开始产卵和受精。

盲鳗

门：	脊索动物门
纲：	盲鳗纲
目：	盲鳗目
科：	盲鳗科
属：	6
种：	67

无颌鱼类，有连续的脊索，无上下颌。内耳有一根半规管，还长有一个嗅囊，嗅觉神经具有独立包囊。全身光滑无鳞片，呈蛇形，无成对鱼鳍。成鱼无侧线系统。卵生鱼类，无幼体期。外鳃孔 1~16 对，随不同种类而异。属食肉和食腐动物。

Eptatretus stoutii
太平洋黏盲鳗
体长：46.8 厘米
体重：无数据
保护状况：数据不足
分布范围：太平洋东部、自加拿大至墨西哥

太平洋黏盲鳗生活在大陆架以及 16~633 米水深的斜面区域，栖息于海底高盐度（31‰~32‰）的细淤泥中。脊背为深棕色、灰色或偏红色，腹部颜色略浅。视力几乎为零，但嗅觉和触觉非常敏锐。

它们可以从嘴部和肛门钻入大型鱼类的体内，以这些鱼类的内脏和肌肉为食，所以在被捕捞的鱼中，十条中至少有一条仅剩一副空壳。当它们察觉到威胁时，便会产生一种由蛋白质和糖类组成的物质，与海水混合后便转化成为黏液。

可为雌雄同体，无生殖器官。一年当中各个时期均可进行产卵，平均产卵量 30 枚（在 11~48 枚之间），卵长约 5 毫米。

解剖学演化
在其循环系统中，至多可拥有 5 个跳动的心脏。

海底清洁工
以活鱼或死鱼为食，其牙齿非常锋利。

Myxine glutinosa
大西洋盲鳗
体长：80 厘米
体重：1 千克
保护状况：未评估
分布范围：北大西洋

大西洋盲鳗只有一个鼻孔和一对外鳃孔，无鳃盖骨或覆盖的表皮。根据其所栖息的海域底层的泥质不同，它们体色为灰褐色或棕红色。夜间出动，以鱼的尸体或垂死的鱼类为食。它们可以钻入猎物身上的孔洞，摄食其内脏和肌肉。产卵量一般在 19~30 枚之间，并覆盖着一层角质层，每端还有固定的长丝。

Neomyxine biniplicata
新盲鳗
体长：41.2 厘米
体重：无数据
保护状况：未评估
分布范围：东南太平洋（新西兰）

新盲鳗身体细长，有一对外鳃孔，左侧鳃孔较大。腹鳍距鳃孔很近，侧面长有一对对称的鳍。体色为肉色，略带棕绿色，在喉部、腹部及尾部区域可见不连续的黏液腺体。属于底栖海洋物种，无洄游行为。它们的产卵量很大，可雌雄同体。

Myxine australis
澳大利亚盲鳗
体长：最长可至 60 厘米
体重：无数据
保护状况：未评估
分布范围：大西洋、南美洲南部

澳大利亚盲鳗栖息于近海浅水海洋泥质底层的水域，水深在 4~146 米之间。无生殖器官，生殖腺在腹膜腔中。卵巢的前部是生殖腺，后部是睾丸。个体的性别取决于该部分的发育情况，两性均无任何发育的个体是无生殖能力的，相反地，两性均发育的个体就会变成雌雄同体。

七鳃鳗

门：	脊索动物门
纲：	头甲亚纲
目：	七鳃鳗目
科：	七鳃鳗科
属：	6
种：	41

无硬骨，无颚，无偶鳍，有连续的脊索，侧面长有7对鳃孔。眼侧位（背眼七鳃鳗属除外）。身体细长，表皮裸露。成鱼眼部发达，口腔盘和舐刮器上均长有角质齿，肠道上长有螺旋状阀门。七鳃鳗长为成鱼后，一部分会变为体外寄生虫。它们可以变态发育，雌雄异体，产卵数量可达数千枚。

Petromyzon marinus
海七鳃鳗

体长：1.2米
体重：2.5千克
保护状况：无危
分布范围：北大西洋

海七鳃鳗身体细长，呈圆柱形，体色为灰色、灰绿色或棕褐色。侧面长有7对鳃孔，2个背鳍，最后一个背鳍与尾鳍相连。

盲幼体（幼七鳃鳗）腹部有色素沉着。成鱼在海域中生活20~30个月后，便会洄游至河流和小溪中产卵，然后结束它们的生命。幼鱼以微生物和碎屑为食，栖息于食物含量丰富的沙底或黏土沉积底质的水域中。

相反，成鱼通过吸盘口吸附的方式以鱼尸体和垂死的鱼类为食，它们还可以以健康的鱼类（硬骨鱼和鲨鱼）和海洋哺乳动物为食。它们会在猎物表皮上刮出一个小孔，通过这个小孔吸食其血液、体液以及肉质，但一般不会将宿主猎物们杀死。

口

牙齿和舌头均为角质。

Caspiomyzon wagneri
里海七鳃鳗

体长：可至55.3厘米
体重：可达206克
保护状况：近危
分布范围：欧亚大陆（里海）

里海七鳃鳗非寄生七鳃鳗，长有许多向后弯曲的小牙齿，齿短小且钝，呈按钮状。雌鱼和雄鱼每年3月到7月相会并进行溯河洄游产卵。成鱼在产卵后便会死去。小鱼苗以碎屑和硅藻（单细胞藻类）为食，在淡水水域生活2~4年至变态后，未成为成鱼的小鱼便开始向大海迁徙。它们以无脊椎动物和死鱼为食。成鱼开始溯河洄游的时间是在秋冬季，通常从10月至次年2月，时间会因沿途栖息地环境的改变而变化。

Lampetra planeri
泼氏七鳃鳗

体长：19厘米
体重：无数据
保护状况：无危
分布范围：欧洲

泼氏七鳃鳗体色为淡黄色、褐色或灰色。有两个连在一起的背鳍。吸盘口周围由66~98个叶片状蔓脚包围，齿钝，有4~6条呈锥形的长触须。

栖息于缓流水域，水深适中。成鱼无消化能力，不进食；幼鱼可以进食。性别二态性，雌鱼身形较为圆润，雄鱼呈椭圆形，身形较细长。

Lampetra fluviatilis
七鳃鳗

体长：50厘米
体重：150克
保护状况：无危
分布范围：欧洲

七鳃鳗身体细长，长有两个相连的背鳍以及锋利的角质齿。背部呈棕色，腹部为白色。七鳃鳗属寄生鳗，成鱼栖息于靠近海岸及河口的海水水域。秋季会迁徙至河流流域，期间不进食，消耗体内的类脂肪物。它们在湍急的河流和溪流中繁衍。

七鳃鳗在底层挖洞产卵，产卵后便死亡。幼鱼没有视力，栖息于底层，以过滤的方式摄食，之后会迁移至大海，在那里成长发育。

软骨鱼类

软骨鱼类所包含的物种极为丰富，大至巨型的捕食者，小到以浮游生物为食的微型鱼，可谓应有尽有。它们的祖先可追溯到 4.5 亿年前。银鲛鱼、鳐鱼以及鲨鱼的共同特征是支撑身体的骨骼均为软骨，而且感官极为发达。

一般特征

软骨骨架是可以被钙化的，其下颌中牙齿的分布更是千姿百态。表皮被盾鳞覆盖，通常拥有 1 或 2 个背鳍、1 个臀鳍以及 1 个尾鳍，尾鳍一般是由两个不对称的尾叶组成的。骨盆演化后的形状更有利于其生殖繁衍。侧线从头部开始延伸，并伴有感官泡。无鱼鳔，大部分种类为海洋性鱼类。软骨鱼类是肉食性鱼类，也以腐肉为食。

| 门：脊索动物门 |
| 纲：软骨鱼纲 |
| 目：29 |
| 科：140 |
| 种：5400 |

鲨鱼
它们是非常强大的捕食者，几乎没有天敌。身体曲线呈流线型，通常下颌较大并长有锋利的牙齿。

简介

鲨鱼的身体呈纺锤形。鳐鱼的身体则较扁平，它们的尾部突出，通常为不对称歪尾型。软骨鱼类口阔，可延至腹部（如锯鳐），它们拥有 2 个嗅囊，但开口不在口腔内，有颌（颌口类）。长有成对的腹鳍和胸鳍，1 或 2 个背鳍以及 1 个臀鳍。雄鱼的腹鳍已经演化成为利于其交配的形状。

全头亚纲类或是银鲛鱼的头部偏高，眼大，胸鳍极为发达（用于滑水）。大部分无尾柄，长长的尾巴如鞭子一样摆动。

除了全头亚纲外，软骨鱼类的表皮覆有盾鳞，由伸出体表的棘突以及通过特殊的纤维组织埋入真皮、起支撑作用的基板组成。软骨鱼类的牙齿和针刺都

鳃
鳐鱼和鲨鱼拥有 5~7 对向外排水的鳃裂。相反，银鲛鱼的鳃被由舌骨弓构成的伪鳃盖骨覆盖。

备用牙齿
大部分鲨鱼都拥有锋利的牙齿。但只有最外一排牙齿才真正起到牙齿的功能，其余几排都是"仰卧"着为备用。在特殊情况下也会用到第二排牙齿。当它们的牙齿出现磨损和断裂的情况时，坏牙便会脱落，里面的牙齿则会向外移动，替换前面的坏牙。

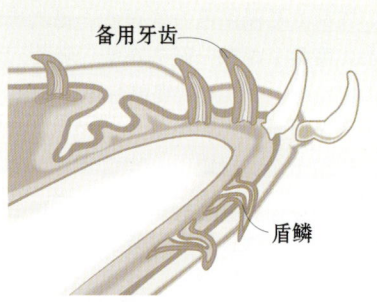

是由盾鳞演化而成的（增肥、增厚）。骨架由软骨组成，不会完全钙化成硬骨。它们拥有连续的脊索，其脊椎也是由真正的椎骨体组成的。

软骨鱼类的消化系统由呈"J"形的胃部、肠道以及大型的肝脏构成，肠道带有螺旋瓣，这样的构造可增加吸收面积。

软骨鱼类的循环系统由许多对主动脉弓、从心脏流出的腹主动脉以及负责血液流通的背主动脉组成。静脉回流系统由肝门和肾脏系统组成。

软骨鱼类通过 5~7 对鳃孔完成呼吸过程，每个鳃孔都具有独立的鳃裂且呈外开口，鳃孔位于身体两侧（如鲨鱼的侧部）或是身体下部（如鳐鱼的腹部）。软骨鱼类第一个鳃裂是喷水孔，包含一个不能呼吸的伪鳃。全头亚纲或是银鲛无喷气孔，鳃裂被肉质伪鳃盖骨覆盖。

由于体内无鱼鳔，因此，软骨鱼类必须始终保持游动状态才不会下沉。不过，它们那巨大且油脂含量丰富的肝脏、鱼鳍以及尾巴可以弥补其无鱼鳔的缺陷。

软骨鱼类的大脑由两个非常发达的嗅瓣组成（它们的嗅觉十分发达），具有 10 对颅神经。雌雄异体，泄殖腔内有成对的生殖腺以及生殖管。

软骨鱼类肾脏属后肾，且自身携带维持渗透压平衡的系统，虽然它们体内的盐浓度低于海水，但可通过调节尿素含量达到等渗状态。它们还有一个手指状的腺体，用于清理血液中过多的盐分。

鳐鱼拥有全方位延展的胸鳍。尾巴如鞭子一样细长，可携带有毒的刺。与全头亚纲一样，它们大部分时间是在海底度过的，黄貂鱼（魟科）除外。软骨鱼类的鳃的换气过程是通过肌肉收缩或被动的游动方式来完成的。大多数鲨鱼在持续游动过程中都采用此种换气方式，让水流不断地流过鳃部（冲击换气）。如果停止了游动，它们会由于不能换气而死（例如当困在渔网中时）。

全球海域

软骨鱼类是游泳健将，虽然其中有些品种栖居于内陆水域，但在全球的生态系统中它们依旧扮演着重要的角色。

软骨鱼类主要分为两大类。深海中以浮游生物为食的种类，它们张着嘴巴游动，呈被动进食状态。其中体形较大的有鲸鲨（*Rhincodon typus*）、姥鲨（*Cetorhinus maximus*）以及魟鱼（魟科）。

不论是在近海还是在远海，此类鱼种都是积极主动的捕食者。例如鳐鱼、鲨鱼以及全头亚纲银鲛，不管是在海底还是在水下，它们都会对猎物进行跟踪和追击，是非常凶残的捕食者。银鲛与底栖鲨鱼一般都会以软体动物为食，会用牙齿板将其磨碎后进食。许多栖息于软质底层的体形扁平的鲨鱼和鳐鱼类，它们会选择一种特殊的底质层把身体埋进去并藏起来，这样可以在自我保护的同时等待猎物的出现。

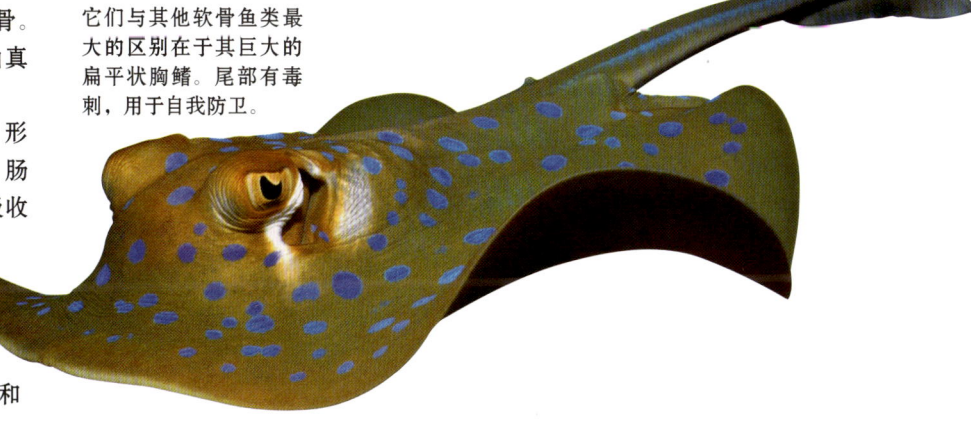

鳐鱼
它们与其他软骨鱼类最大的区别在于其巨大的扁平状胸鳍。尾部有毒刺，用于自我防卫。

移动

大多数鲨鱼利用身体后端的尾鳍进行移动，一些底栖鲨鱼已经适应了其生活的海底环境，发达的胸鳍和腹鳍可以帮助它们在岩石和珊瑚上游走。魟鱼、蝠鲼以及黄貂鱼或海鲷鱼，它们狭窄的尾巴以及阔展的胸鳍在游动过程中起到了推动的作用。像蝠鲼这样极为特殊的品种，它们活跃于水上或近水面的区域，可以进行长距离游移，并且还可以跃出水面。某些鲨鱼，如灰鲭鲨（*Isurus oxyrinchus*），由于需要依靠水流流过鳃部才能完成呼吸过程，因此它们必须不停地游动才可以进行呼吸。相反，有些种类就可以在海底或水中保持静止状态的同时进行呼吸运动，它们当中包含了许多大型品种的鲨鱼，如栖息于海底沟壑中的真鲨科。

调节温度

一些大型的物种，像大白鲨（*Carcharodon carcharias*），它们身体中有一个温度高于其他地方的区域，在这里可以快速新陈代谢。由于体内血液主要进行对流循环，这使得它们拥有了调节体温的能力。动脉血液经加热后便会流向鳃部，之后通过静脉血液逆流机制，以不同的温度返回到身体的其他各个部位。

活跃的捕食者
它们可以通过血液对流循环进行温度调节，并利用此方式向充满了无数毛细血管的外侧肌肉提供热量。

生殖繁衍

鲨鱼的求偶过程是非常复杂和缓慢的。在交配前，雄鲨会与雌鲨进行激烈的摩擦，并对其撕咬。一些鲨鱼可以在海底进行交配，但大型的鲨鱼们一般会边游动边进行交配。雄性的鳐鱼和蝠鲼在交配时位于雌鱼的上方或下方。全头亚纲鱼类的雄鱼在与雌鱼交配时，会利用自身的喙附件（靠近骨盆的柄状物）以及骨盆柄保持与雌鱼的体位。

软骨鱼类可以进行体内受精，雄鱼无阴茎，而是通过两个名为鳍脚或是交合突的生殖器官完成交配，其形状为圆柱形，由腹鳍衍生而来。雄鱼会将它们放入雌鱼的泄殖腔中传输精子。一些鱼类会将幼鱼产在食物丰富的浅水水域（成长区域）。小鱼苗们会在这里成长，直到离开去外面的水域。幼鱼一出生就面临着生存危机，不但要躲避天敌，还要担心同胞们自相残杀（甚至还要面临亲生母亲的威胁）。通常，它们会藏身于红树林的根部或是海藻叶片的下面，成长发育后便会离开到更加开阔且食物充足的水域中生活。与大多数鱼类不同，它们只会产下很少的鱼卵或幼鱼。这是繁殖策略中的一种，以集中能量照顾少量胚胎的方式代替大规模产卵。鲨鱼巨大的受精卵为幼鱼们提供了充足的养料，能够满足它们在孵化前所需的一切。有些幼鱼在出生时就与成鱼非常相似了。不会得到父母照顾的胎生鱼类即是如此。大多数长有横向鳃裂的鲨鱼属于这种胎生鱼类（约70%）。

在身体腹侧处长有鳃裂的鱼类中，鳐鱼为卵生，其他的（电鳐、犁头鳐、锯鳐、黄貂鱼）则为胎生。卵生鱼类在海床产卵，胚胎则在卵黄中生长。

有些鱼类的卵呈矩形胶囊状或环状，还有一些鱼卵呈螺旋形，以便在岩石中固定。

胎生鱼类则分为两种：胚胎通过自身储备的营养物质来生长的称为卵胎生鱼类，直接从母体获取养分的称为胎生鱼类（通过类似哺乳动物胎盘的器官获取营养）。

卵生鱼类的胚胎会附着在子宫内的不同位置。每胎数量为2~300个不等。孕期也各有不同（2个月至2年不等）。软骨鱼类的体形达到一定程度时便会性成熟。这种特点与其低出生率相结合，在很大程度上限制了它们的种群数量，因此软骨鱼类十分容易因精细化捕捞而陷入群体生存危机。

卵胎生
大部分的鲨鱼和鳐鱼的胚胎是在子宫内发育完成，营养成分主要靠卵黄和分泌物提供。

发电器官

一些软骨鱼类具有特殊的肌肉，这些肌肉由发电器官组成，在捕猎、防御以及导航（定位）方面都扮演着重要的角色。这些发电器官可以对猎物进行电击，使它们麻痹，甚至还可以在其周围生成一个电场，感知任何经过的物体。

电压
电鳐（电鳐科）鳃部的部分肌肉已经演化成了可带电（发电器官细胞）的成肌细胞（肌肉细胞），产生的电压可达200伏。

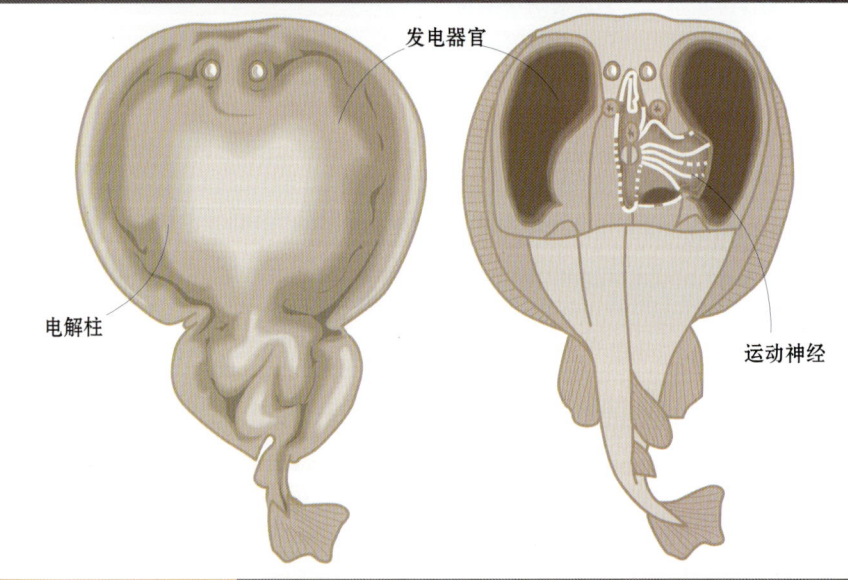

电解柱 / 发电器官 / 运动神经

软骨类家族

鳐鱼和鲨鱼因为有软骨质的骨架而有别于其他鱼类。银鲛也属于这一种类,是它们活着的同族中最相近的。它的软骨骨架几乎不会钙化。

银鲛的一个重要特征是可将它与鳐鱼和鲨鱼区别开来,那就是其颅骨和颌骨的连接方式,被称为"全头型"或者"全接型",这使得它在进食过程中不能移动。因此,在科学术语中也被称为"全头类"。

银鲛
拥有细长无鳞的身体。它们的牙齿融合呈板状,鳃弓由一个假的鳃盖保护。

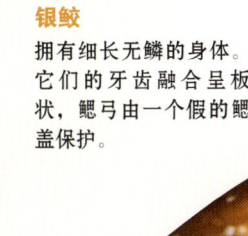

分类

软骨鱼纲分为两个大的种类。

全头亚纲的子类(全头类或银鲛目),拥有独特的高颅骨,上颌骨和颅骨融合,有一个被假鳃盖覆盖的侧鳃孔;板鳃亚纲的子类(板鳃亚纲包括鲨鱼和鳐鱼)包含颅骨凹陷的软骨鱼类,它们有活动的上颌、鳃腔和几个侧面的鳃裂(侧孔总目)或位于侧腹位置(下孔总目),没有鳃盖。

全头亚纲

全头亚纲是软骨鱼中怪异的一类。头部的两边受压,使得头部很高,上颌与颅骨紧密连接。雄性鱼在头的前端长有一个触角或"管"(额鳍脚),用于在交配过程中与盆腔处的鳍脚(交合突)一起钩住并固定雌鱼。全头亚纲鱼类成年后皮肤无鳞、无喷水孔(第一鳃裂位于下颌弓和舌骨之间),眼睛很大,拥有发达的胸鳍和背鳍。它们都生活在海洋中,在第一背鳍上长有一根毒刺。主要以软体动物和甲壳类动物为食,它们用像板一样的牙齿粉碎猎物。胸鳍用于划水,因为其尾巴并不适合用来推进,因此被称为鼠鱼。它们大约有47个种类。

板鳃亚纲

拥有纺锤形的身体和非对称的尾鳍,通常用于推进。它们有成对的胸鳍和腹鳍,可能有一或两个不成对的背鳍以及一个臀鳍;雄性的腹鳍已经进化,作为交配器官,统称为交合突。板鳃亚纲鱼类的嘴通常在腹部,突出的下颌给予它们流动性。它们的第一鳃裂可见(喷水孔)。皮肤上有平滑的鳞片,鳞片由外皮上细小的棘刺构成,棘刺固定在一个与表皮紧密连接的基底板上,表皮和基底板是通过一些夏贝氏纤维固定的。

板鳃亚纲包含50个科,共1137个品种,在海洋和内陆水域直到1600米深的水域都有它们的分布。板鳃亚纲包括由于不同的生活方式而演变的两种形态不同的变种:鲨类(鲨总目)和鳐类(鳐总目)。

鲨总目:囊括了拥有纺锤形体形和发达尾鳍的鲨鱼,它们都是游泳健将。鳃孔横向排列(侧孔总目)。

鳐总目:大多数栖息在海底,鳃孔位于身体下方(下孔总目),嘴的位置也在身体下方。它们背腹扁平,拥有高度发达的胸鳍和很小的尾鳍,有时尾鳍呈鞭状。它们有着菱形的身体,嘴和咽部狭缝的位置很低。眼睛和喷水孔位于身体顶端,由这里吸入水。与鲨类不同,它们拥有可以和颅骨融合的躯干。

系统分类

全头亚纲可以通过基本结构的不同与鲨鱼和鳐鱼(板鳃亚纲)进行区分,例如鳃裂或下颌与颅骨的结合。反过来,鲨鱼和鳐鱼可以通过下颌悬架、肩胛骨带以及鳃裂的位置与其他种类进行区分。

全头亚纲
全头亚纲的身体短小且没有喷水孔的脸部非常突出。没有肋骨。假的鳃盖覆盖着相互距离很近的鳃裂。

鳐目
它们的身体十分扁平。眼睛位于背部,鳃裂位于侧腹部。

鲨目
鳃裂位于身体两侧胸鳍的前面。肩胛骨带不与脊柱相连。通常通过纺锤形的身体和强有力的尾巴进行区分。

行为

大多数软骨鱼类有各种各样的行为,通常很复杂,与进食相关,还与其群体性和交配相关。它们习惯当机会主义者,捕食丰富的猎物。为了捕食猎物,它们各展所能,使用吸、咬、过滤或者各种技能组合来进食。它们可以单独行动,也可以聚集在一起猎食、自卫和繁殖。此外,一些物种建立了基于年龄和性别的社会等级。

捕食习惯

捕食是软骨鱼类单独或者由几只或很多个体所形成的团体来进行的活动。最强的捕食者捕食中型或大型的生物;活跃的捕食者,在浅海或开阔的海域或海岸游走寻找猎物;或多或少的捕食者常驻一地,主要捕食底栖生物(生活在底部)以及水底部的生物(接近底部)。大多数鲨鱼属于开阔水域的最强捕食者。

它们有一张大阔口,长有大且锋利的牙齿,并且都是游泳健将。

白斑角鲨(*Squalus acanthias*)是一个国际性的物种(分布广泛),它在所有水层寻找食物。捕食浮游无脊椎动物(樽海鞘、栉水母、鱿鱼、甲壳类)、小鱼(鳀鱼、鳕鱼幼鱼、灯笼鱼)和底栖生物(海葵、章鱼和螃蟹)。

扁头哈那鲨(*Notorynchus cepedianus*)是一种可以与大白鲨(*Carcharodon carcharias*)相比的食肉动物,因为它捕食硬骨鱼类、其他软骨鱼类(神仙鱼、舒氏星鲨、鳐鱼和黄貂鱼)以及哺乳动物,如拉普拉塔河豚(*Pontoporia blainvillei*)和幼年南海狮(*Otaria flavescens*)。某些软骨鱼类主要捕食底栖动物(栖息在海底或接近海底的生物群落),它们细小密布的牙齿对于粉碎猎物(软体动物和棘皮动物等)的外壳非常有用。

鳐类(电鳐目、锯鳐目、鳐形目和鲼形目)背腹扁平,可以贴着海底生活;嘴部突出,便于它们吸食多毛类蠕虫。

叶吻银鲛(*Callorhinchus callorynchus*)有着细密的牙齿,会捕食底栖生物,如双壳类和多毛类。小型捕食者会捕食小生物(浮游植物、浮游动物和小鱼)。

鬼蝠(鲼科)虽然有着扁平的身体,但并不居住在海底,它们属于远海浮游鱼类,在接近海面的地方游弋,以筛选经过它们鳃部的浮游生物为食,它们也以鱼和乌贼为食。

鲸鲨(*Rhincodon typus*)的季节性迁徙与水域中浮游生物的浓度息息相关,因为在其移动过程中会通过过滤的方式进食,而这主要受到洋流变化的影响。姥鲨(*Cetorhinus maximus*)也有这一现象,选择性地在哲水蚤为主的桡足类浮游生物聚集区觅食。

栖息地的选择和社会性

一些热带鲨鱼白天隐藏在洞穴和裂缝中,夜晚在珊瑚间觅食。这些物种的个体每天返回到相同的地方。可以观察到一些物种的迁移与潮汐周期相关,一些海洋鲨鱼也会寻找温度适宜的水域栖息。许多群居物种以集体的形式移动,这个集体由成百上千的个体组成,以体形的大小和性别的不同进行组合。热带夜行性鲨鱼经常居住在一起,白天的时候几只鲨鱼会叠在另外几只身上休息。这种堆叠的行为主要发生在未成年鱼中,以此来降低个体被捕食的可能性。不同种类的鲨鱼因为年龄、性别、繁殖状况聚集到一起,这个习惯也使得它们更容易开展捕食行动。

社会性

鲨鱼独自生活或者建立不同类型的集群。一个独居的物种可能在它的繁殖或幼年期形成很大的群体,这可能是出于食物的需求或为了躲避捕食者。鳐鱼是非常群居化的,时常能遇到成百上千的鳐鱼个体聚集在一起。

结队游弋

鳐鱼基本都是群居的,尽管有些品种只在繁殖期聚集。它们可以形成单一性别的群体。

觅食时间
鲨鱼进食的时间主要在夜晚，很少有鲨鱼在白天进食。还有一些选择在清晨或日落时进食。

猎人

扁头哈那鲨（*Notorynchus cepedianus*）是一种世界性沿海物种。在所有的狩猎技巧中，它们通常会几只个体聚集在一起，通过一个封闭的圆圈围住一只猎物，然后对它发起攻击。

① 搜索和追踪
鲨鱼成群地寻找并追踪猎物，猎物通常是海狮。

② 防止逃跑
如果猎物试图逃跑，鲨群会缓缓将它围住，将圆圈封死。

③ 攻击
一旦猎物无法移动，其中的一只鲨鱼会突然发起攻击。

④ 抢夺
其他同伴也会立刻冲向猎物来获取一部分食物。

银鲛鱼

门：脊索动物门
纲：软骨鱼纲
目：银鲛目
科：3
种：47

银鲛鱼包含3科，也被称为鬼鲛。叶吻银鲛科分布在南半球的海洋。银鲛科的36个种拥有着短小圆润的吻和长长的尾巴，因此有着"老鼠鱼"的外号。长吻银鲛科的物种有着很长的吻，吻上有众多的末梢神经。

Callorhinchus milii
米氏叶吻银鲛
体长：75~125厘米
体重：无数据
保护状况：无危
分布范围：太平洋、澳大利亚和新西兰东南

米氏叶吻银鲛皮肤光滑，呈银色，在巨大的翡翠绿色的眼睛后方有一些斑点。

主要食物是甲壳类动物和软体动物。通过吻部的接触进行追踪，拥有灵敏的嗅觉，可以探测到埋在沙中的猎物的移动和微弱的电场。

米氏叶吻银鲛拥有3对钙化的牙板，牙板无限生长。

它们生活在太平洋温带海域的大陆架之上，距离海面平均200米深的地方。春天迁徙到沿海的海湾和河口，在那里繁殖。雌鱼在沙子底部或泥泞地中产下两枚卵。每一枚卵都被金色的角蛋白囊所包裹。囊的颜色随着卵的发育而加深，变成黑色时便迎来了孵化的时刻，大约需要8个月的时间。

鼻部凸起
用于在海底搜索猎物。嘴巴位于凸起的正后方。

繁殖
雄性的交配器官或鳍脚是可伸缩的。交配过程中，雄性头部的凸起在与雌性的交配中起固定作用。

呼吸
在腹部区有唯一的鳃孔。那里也正好是胸鳍生长的地方。

Hydrolagus affinis
大西洋兔银鲛
体长：49~130厘米
体重：6.3~14.5千克
保护状况：无危
分布范围：大西洋东北、西北和中东部

大西洋兔银鲛拥有纺锤形的身体，从鳃部开始身体逐渐变细，直到细长的尾部。大西洋兔银鲛头部很大，有圆锥形的吻。皮肤光滑呈铅灰色、棕色和棕褐色。鳃孔是垂直的，由皮瓣保护。两个背鳍，第一个很高，呈三角形，前端长有一根刺，第二个很低且很长。侧线系统很发达。卵生。以底栖无脊椎动物和小鱼为食。

Callorhinchus callorynchus
叶吻银鲛
体长：50~89.2厘米
体重：无数据
保护状况：无危
分布范围：大西洋西南部和太平洋东南部

叶吻银鲛在第一背鳍前面长有锯齿状的刺，无臀鳍。通过前端鳍脚和位于雄性泄殖腔的腹鳍脚显示性别二态性。卵生。交配过程中雄性将精英传入雌性泄殖腔，以绿色的凝胶状物质包裹。以介形虫、螃蟹和贝类为食。

Hydrolagus colliei
科氏兔银鲛

体长：97 厘米
体重：无数据
保护状况：无危
分布范围：太平洋东北部

背鳍
上面有一根毒刺。

科氏兔银鲛名字的由来是那类似啮齿类动物的长尾巴和背部的白斑。

它们的皮肤光滑，古铜色与银色相间。没有鳞片，但是能散发出金色、蓝色和绿色的艳丽光泽。眼睛很大，翠绿色，能够反射光。它的大门牙在小嘴中若隐若现。背鳍和尾鳍的边缘是黑色的，胸鳍是半透明的。栖息在深达 910 米的沙底。在夜间它们进入稍浅的水域，由嗅觉指引进行捕猎，以甲壳类、小鱼、软体动物、棘皮动物和蠕虫为食。

卵生
雌性在海底产下 2 枚卵，卵被包裹在坚固的保护层中。

Harriotta haeckeli
黑氏扁吻银鲛

体长：65~72 厘米
体重：无数据
保护状况：数据不足
分布范围：大西洋中东部和太平洋西南部

黑氏扁吻银鲛区别于其他银鲛，有从弓形的头部继续延伸上翘的长吻。嘴巴位于眼睛下面，眼睛很小。腹鳍和胸鳍带有肉质的瓣。没有臀鳍。

它们栖息在深海 1400~2600 米之间。据推测，其食物包括各种底栖无脊椎动物。

虽然详细的生殖过程是未知的，而且也没有发现被包裹在胶质中的卵或胚胎，但可以推测出黑氏扁吻银鲛是卵生的。由于研究以及捕捞压力的限制，它在生态学和生物学被认知的部分非常少，但根据猜测，它们在更深的水域可能有更大量的分布。

Neoharriotta pinnata
羽状新吻银鲛

体长：60~128 厘米
体重：无数据
保护状况：数据不足
分布范围：大西洋中东部和东南部

羽状新吻银鲛呈深褐色，拥有细吻和略为扁平的身体。栖息在海洋 200~470 米的深度。基本上以梭子蟹、底层鱼类和底栖无脊椎动物为食。

Rhinochimaera atlantica
大西洋长吻银鲛

体长：1.4 米
重量：无数据
保护状况：数据不足
分布范围：大西洋沿岸

大西洋长吻银鲛身体略微扁平，呈白色或浅棕色，吻部尖锐突出。尾鳍有块状物，身体末端细长短小。可以在深处为 500~1500 米的大陆坡的坡上发现它们的踪迹，但其通常栖息于更深的水域。以底栖无脊椎动物和鱼类为食。它们是卵生的，虽然繁殖的详细过程是未知的，但是它们的卵被发现包裹在胶质的囊中。

Rhinochimaera pacifica
太平洋长吻银鲛

体长：1~1.3 米
体重：无数据
保护状况：无危
分布范围：印度洋东部、西南部、东南部和太平洋西北部

太平洋长吻银鲛身体和背部呈棕色，腹部呈灰色，头部呈白色。皮肤柔软、光滑、无棘刺。吻部细长，呈锥形，很灵活，像是剑的形状。嘴和鼻孔都延伸到了吻的侧面。拥有 3 对表面光滑的灰色牙板。眼睛是椭圆形的，前额触须很短。侧线从头部沿着躯干和背部延伸到尾鳍的根部。雄鱼的尾鳍上叶有许多的小叶，雌鱼体形更大。以各种各样的鱼类和无脊椎动物为食。太平洋长吻银鲛在生殖生物学方面被认知的很少，但是被认为与大西洋长吻银鲛有相同的特点。

个体印记
密布头部的凝胶状渠道相互交联，构成了每一条太平洋长吻银鲛的独特印记。

尾鳍
下叶明显大于上叶。

鲨鱼

门:	脊索动物门
纲:	软骨鱼纲
目:	8
科:	34
种:	约472

鲨鱼的大多数种类都是拥有锋利牙齿的掠食者。其大小、形状、栖息地和行为非常多样化。有一些生活在海底的体形很小的物种，以微小的生物为食，同时这个目中也有世界上最大的鱼——鲸鲨，只以浮游生物为食。

Heterodontus zebra
狭纹虎鲨

体长：84~125 厘米
体重：无数据
保护状况：无危
分布范围：亚热带海洋、东亚和澳大利亚海岸

狭纹虎鲨栖息在亚热带珊瑚礁或开放性水域。在水下 50 米处捕食无脊椎动物。外表特点鲜明，头短而圆，在每只眼睛上方都有一个突起。有 2 个背鳍，身体下方有 5 个鳍（胸鳍、腹鳍和臀鳍），尾鳍占身体的很大比例。背鳍的顶端长有一根几乎不可见的刺。皮肤颜色是相间的，灰黑色，有 12 条颜色深浅不一的线从身体一边延伸到另一边。卵生。雌鱼产下两枚大鱼卵，其横向中轴线上有两个螺旋形的凸缘。据了解，它们以无脊椎动物和小鱼为食。

形状
躯干是圆柱形的，头是圆锥形的。

Carcharias taurus
沙虎鲨

体长：2.75~3 米
体重：142~300 千克
保护状况：易危
分布范围：各大洲的热带、亚热带和温带海域

沙虎鲨栖息于近海海面至海底大陆架水域，水深不超过 200 米。背鳍大小相似。夜间出没，以大型的鱼类、鱿鱼、螃蟹以及龙虾为食。它们以个体或者团队的形式游动，每个团队的成员最多不会超过 80 个。卵胎生，每两年生 2 只幼鲨。

头
头顶部轻微的下压。

外形
吻部呈尖锥形。

狭窄的牙齿
非常锋利，指向嘴的外边。

Chlamydoselachus anguineus
皱鳃鲨

体长：0.97~2 米
体重：无数据
保护状况：近危
分布范围：热带、亚热带和温带分散海域中

皱鳃鲨体形瘦，类似鳗鱼。背鳍细长并且靠近尾鳍，两者很容易混淆。腹鳍、臀鳍和尾鳍很长。嘴很宽，约有 300 颗牙齿，分为 5~9 组。栖息于 120~1300 米水深的区域。食物包括深海头足类、底栖鱼类和乌贼。其他一些小型鲨鱼也可能是它们的食物。卵胎生，每胎产崽 8~12 只，孕期长，为 1~2 年。

鱼类（上）

Notorynchus cepedianus
扁头哈那鲨
体长：1.5~3 米
体重：107 千克
保护状况：数据不足
分布范围：除北大西洋和地中海的环球热带和温带海域

扁头哈那鲨体形中等，头部很宽，眼睛小。在接近尾部的身体后部有一个小背鳍。背部呈银灰色，腹部呈浅灰色。可以在大陆架浅水区发现它们的踪迹，甚至在水深 1 米的地区也能遇到，通常是在河湾、河口和运河。

扁头哈那鲨最大的个体可以深入 570 米深的水域。栖息在以岩石、沙地和泥地为主的底部区域。食物多种多样，包括其他种类的鲨鱼和海豚、海豹以及腐肉。通常集体捕食。卵胎生。为了生产，雌鲨会游向浅海湾。幼鲨在最初几年会留在这片水域。

体色
拥有黑色和白色斑点。

吻
短而圆。

呼吸
它有 7 个鳃孔。

Heptranchias perlo
尖吻七鳃鲨
体长：1.2~1.4 米
体重：无数据
保护状况：近危
分布范围：除极地、亚极地和北美洲西海岸的环球海域

尖吻七鳃鲨身体瘦，呈纺锤形，吻部长而尖。最大的特点是荧光绿色的大眼睛。背部呈棕灰色，腹部呈淡灰色。可能有小的斑点。鳍片小。背鳍靠近骨盆。胸鳍与其他近缘种相比位置更高。尾鳍狭长，每次推进能前进 2~6 米。

栖居在水下 1000 米深处。为底栖或半底栖动物，以鱼类、鱿鱼和甲壳类为食。

卵胎生。每胎产 6~25 只幼鲨。雄性长到 85 厘米时成熟，雌性长到 1 米时成熟。关于该物种的数据很少，但据说它们的数量在下降。

Orectolobus maculatus
斑纹须鲨
体长：1.8~3.2 米
体重：70 千克
保护状况：近危
分布范围：澳大利亚海岸

斑纹须鲨身体扁平，呈棕色，有深色斑点，这种颜色让它们和海底融为一体。在海底，它们会一动不动地度过大多数时间。它们的体形暴露了它们的底栖习性，头部很宽，尾鳍只稍稍高于身体。可以在大陆架、潮间带、浅海区和深达 110 米的水域发现它们的踪迹。喜欢栖息在珊瑚礁和岩礁区以及沙地中。

斑纹须鲨是夜行性动物。以无脊椎动物为食，如螃蟹、龙虾和章鱼，以及一些硬骨鱼类。卵胎生。每胎能产下多达 37 只幼鲨。孕期大约为 3 年。雌鲨长到 1.2 米时达到成熟。

商业捕鱼是它们面对的最大威胁。

Echinorhinus cookei
笠鳞棘鲨
体长：4 米
体重：70 千克
保护状况：近危
分布范围：太平洋的零散和特定区域

笠鳞棘鲨身体上均匀分布着许多棘刺。棘刺呈分开状，不成组。颜色为灰褐色，鳍的边缘呈黑色，嘴的附近以及吻部内侧是白色的。身体很健壮，在靠近尾鳍的地方有 2 个小背鳍。尾鳍很宽且不对称，腹鳍相对比较大，无臀鳍。活动在水下 11~425 米的地方。食物包括其他种类的鲨鱼、硬骨鱼、章鱼、鱿鱼和鲉形目的卵。卵胎生，每胎可产下多达 114 只幼崽，幼鲨出生时身长为 40~45 厘米。雄鲨长到 2 米时达到成熟，雌鲨长到 2.5~3 米时达到成熟。

Echinorhinus brucus
棘鲨
体长：1.6~3.1 米
体重：227 千克
保护状况：数据不足
分布范围：除北美洲西海岸的环球海域

棘鲨的食物包括其他鲨鱼、硬骨鱼类、章鱼和乌贼。底栖，栖居在 10~900 米水深处。

在身体上不规则地分布着很大的棘刺。每根棘刺的根部可以达到 1.5 厘米。一些棘刺互相连接成块或组。

背部是暗紫灰色，长有白色的棘刺。腹部颜色更浅。背部的侧面和下部有暗色的斑点。吻部很短。身体后部有 2 个背鳍，彼此相距非常近，无臀鳍。

卵胎生。每胎产 15~26 只幼鲨，身长为 30~90 厘米。

据估计，大西洋东北部的该物种数量在减少。

Rhincodon typus
鲸鲨

体长：20 米
体重：34 吨
社会单位：独居
保护状况：易危
分布范围：全球热带水域

嘴
超过 1 米宽，位于头部最前端。

鲸鲨是世界上最大的鱼类，也是鲸鲨科仅存的唯一代表。虽然外表巨大，但并不伤害人类。

简介

它们的皮肤背面呈褐色或灰蓝色，具有清晰的线条和斑点，便于它们伪装。腹部是白色的。也可以通过扁平的头部、钝吻以及前端巨大的嘴来识别它。它们的眼睛小。尾部呈镰刀形，具有两个大叶片。

行为

通过整个身体 2/3 的部分进行波浪状的运动来缓慢游动。通常是个体单独行动，但是曾报道有超过 100 只鲸鲨集体行动。它们进行迁徙，可以在世界上的热带海域游很长的距离，但地中海除外。

嗅觉
鲸鲨发达的鼻孔位于头部的两侧，使它们能够探测到高密度的浮游生物。

海中"吸尘器"

由于它们体形特殊，因此在一天中的大部分时间都需要进食。不用多余动作，只需张开嘴吸取，便可使食物和水一起通过它们特殊的鳃，从而滤食大量浮游生物。通常，它们会在水面上捕食，但也可以上下游动捕食猎物。在它们的移动过程中每小时大约能过滤 6000 升水。

垂直游动

游动时可以采用垂直的方式，推进的同时张开嘴。通过这种方式可以让浮游生物进入它们的鳃弓，进行捕食。

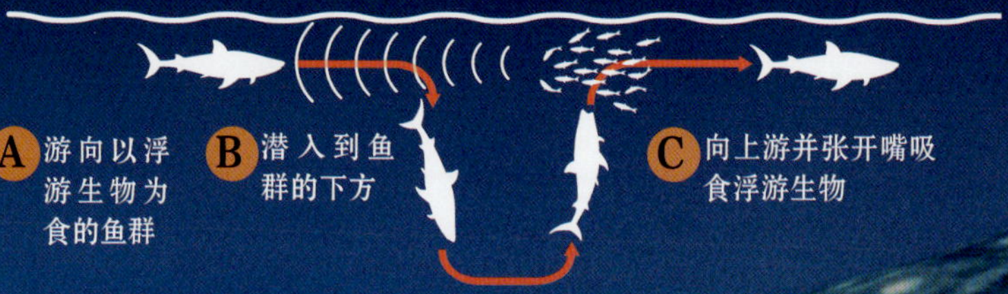

A 游向以浮游生物为食的鱼群
B 潜入到鱼群的下方
C 向上游并张开嘴吸食浮游生物

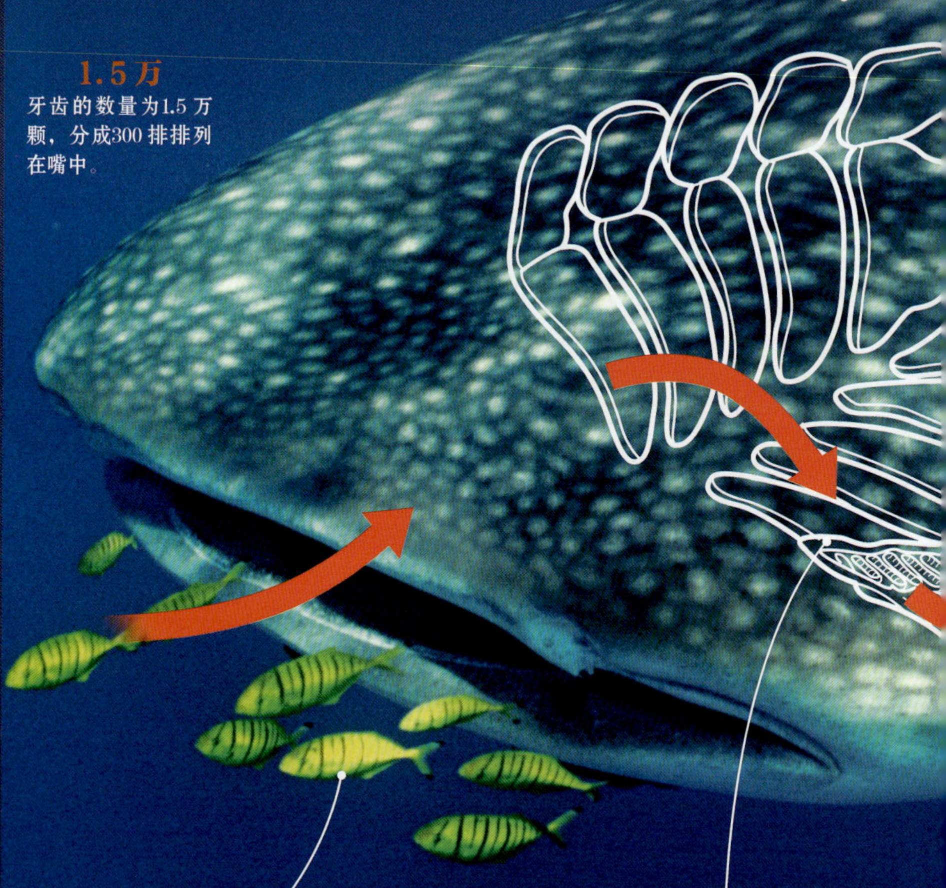

1.5 万
牙齿的数量为 1.5 万颗，分成 300 排排列在嘴中。

食物

1 到它嘴中
浮游生物是它们的主食，偶尔也吃螃蟹、小鱼和周围的鱼群、虾以及藻类。

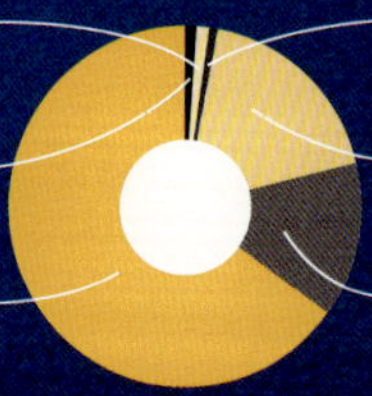

- 端足甲壳类 1%
- 螃蟹 1%
- 樱虾科甲壳类 65%
- 鱼卵 1%
- 箭头蠕虫 18%
- 桡足甲壳类 14%

2 吸水
通过游动吸水，也让食物进入嘴中，这一过程与鳃的开合是同步的。

鱼类（上） 41

背部
深色，布满了竖条纹和白色或淡黄色小点，这是它们的伪装。每只个体的斑点组成独有的图案，为区别个体和进行普查提供了可能。

鳍
它们有2个背鳍，背鳍无刺，第一片背鳍在盆腔上方，第二片背鳍较小，长在肛门上方。

头
宽而扁平。头末端的两侧是它们的眼睛，很小。眼睛后面是气孔。

尾巴
成年物种的尾部从一端到另一端能达到2.5米，趋向于对称的月牙形。幼鲨尾鳍的上叶比下叶大。

18-30 摄氏度
它们生活的海水表层的温度。

皮肤棘刺
皮肤上有着细小的棘刺，就好像小牙齿，中央有一根很强健的龙骨。流体力学的结构，使它们适于生活在远洋。

过滤机制
鳃弓具有过滤器。水流进入长在鳃组织上的第一层和第二层鳞突。这些鳞突是交联的，那些小型的猎物像通过筛子一样被留了下来。

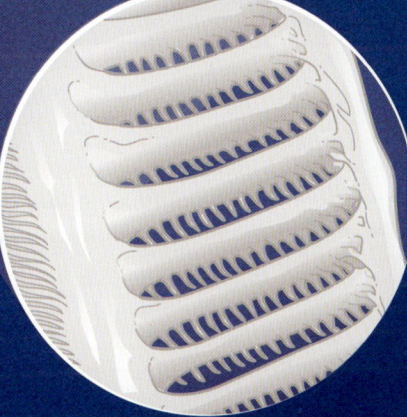

3 过滤器
在很短的时间内，它闭上嘴打开鳃裂，水经过皮质鳞突排出，大量的浮游生物被留下。

在过滤过程中，水流通过鳞突，长度超过2毫米的生物被留下。

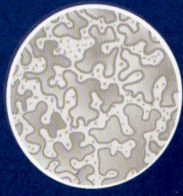

Cetorhinus maximus
姥鲨

体长：9~10 米
体重：4 吨
保护状况：易危
分布范围：世界性的，温带和寒带沿海及开放地区

姥鲨体形很大，体表呈灰色，可以在全球寒带、温带和温暖水域的沿岸上层水域及开放水域发现它们的踪迹。姥鲨是仅次于鲸鲨的第二大鲨鱼。拥有从脊椎延伸到腹侧的极长鳃裂。鳃裂上有过滤器，能捕食小动物。姥鲨的口极大，牙齿很小。胸鳍细长，尾鳍很大，呈半月形。

姥鲨每天张着嘴在海水表面附近游动，被动过滤几千升水来捕食。夏季的食物以浮游生物为主。到了秋季，用于捕食的过滤器会脱落并更新，暂时失去捕食小猎物的能力。在这段时期它们通常保持休眠。虽然并未得到证实，但人们相信它们成群地在海底进行"冬眠"，之后在特定的区域聚集进行捕食。

姥鲨是迁徙的物种，出生后的体形就很大，有 1.5~1.7 米长。孕期很长，超过了 1 年。虽然不会所有的卵都受精，但是卵巢会产生大量的卵。

显著特征
尖吻和超大的嘴。

大的鳃裂
提供了用于捕食的特殊的过滤器。

Alopias vulpinus
狐形长尾鲨

体长：4.5~7.6 米
体重：380 千克
保护状况：易危
分布范围：世界性的，主要在温带和亚热带海域

狐形长尾鲨有一个非常长的尾鳍。第一背鳍大而第二背鳍和臀鳍小，胸鳍长。背部和侧面呈蓝灰色和深灰色，而腹部为白色。可以在近海表面的大陆架以及直到水深 366 米的地方发现它的踪迹。

幼鲨生活在海岸附近，是游泳能手，按性别分成小组向北美洲西海岸迁徙。捕食多种鱼类，以及乌贼、章鱼、甲壳动物和鸟类（当它们降落在海面上时）。卵胎生，有典型的卵黄囊。当食物耗尽，一些胚胎已经长成的时候，它们会吃掉那些未受精的卵子。

短吻
头部长着小眼睛。

长尾
长度和身体全长相等。

颜色
腹部靠近腹鳍处有斑点

Megachasma pelagios
巨口鲨

体长：5.5~7.1 米
体重：750~1215 千克
保护状况：数据不足
分布范围：暖温带海域

对巨口鲨的研究和了解很少。因为它拥有巨大而有光泽的嘴而得名，嘴里有 100 多排小牙齿。下颚略长于上颚，眼睛小，胸鳍很长，背鳍低，尾鳍大。背部呈蓝灰色，腹部发白。一根白色条带穿过吻的末端。可通过抓获的少量标本来确定其确切分布。它们栖息在 5~170 米深的沿海和海洋地区。通常独立行动，行动迟缓。可能是在进行重要的垂直迁徙，也很可能是在捕食虾群。它们也以浮游动物、桡足类和水母为食。

巨口鲨可能像它们的其他近缘种那样滤食食物。没有太多关于它们的生殖活动的数据。卵胎生，胚胎在卵巢中生长。

鱼类（上） 43

Carcharodon carcharias
大白鲨
体长：4.3~8 米
体重：3.4 吨
保护状况：易危
分布范围：世界性的，尤其是在寒温带水域

突出的头部
它们有一个大的锥形吻，以及长有三角形大牙且强有力的下颚。

大白鲨体形很大，腹部呈白色，背部和侧面是蓝灰色的。背鳍很大，胸鳍下方有黑斑。尾巴很大。

大白鲨栖息在浅水大陆架，也栖息在深海，在海岛周围也被发现过。一般单独行动，过着游牧式的生活，有时会成对出现。可以跳出水面捕捉猎物。可以高速游动。

卵胎生，平均每胎生 9 只幼鲨。雌鲨在 12~14 岁时长到 4~5 米，达到成熟期。雄鲨平均在 10 岁时长到 3.5~4 米，达到成熟期。

尾鳍
尾部呈近乎完美的月牙形。

Isurus oxyrinchus
尖吻鲭鲨
体长：2~4.7 米
体重：300 千克
保护状况：易危
分布范围：全球温带和热带水域

尖吻鲭鲨偏瘦，胸鳍细长。尾部呈近乎完美的月牙形，下半叶很发达。背鳍、腹鳍和臀鳍都很小。吻部为锥形，眼睛不大。背部和侧面发蓝，腹部呈白色。栖息于从海水表面到 500 米深的沿海和海洋地区。尖吻鲭鲨是最快、最灵巧的鲨鱼之一，通常强力跃出水面，达到于其身长数倍的高度。迁徙物种，稍微吸热使得它的体温比周围的海水稍高。食物包括鱼类、乌贼、海洋哺乳动物和海龟。

Mitsukurina owstoni
欧氏尖吻鲛
体长：2~6 米
体重：159 千克
保护状况：无危
分布范围：温带大陆坡特定地域

吻部长，呈桨形或板形，有众多敏感毛孔。颌骨突出，有细长、锋利且呈不规则分布的牙。臀鳍很大，背鳍小。尾巴很长，突出于身体的轴线上方。皮肤粉红而发白。其身体形状和皮肤的独特特点是由其通常生活在水深 1300 米的水域造成的。通常在大陆坡能发现它们的踪迹。它们的行为和生殖活动被了解的并不多。主要以鱼类为食，也可能吃甲壳类动物。估计是卵胎生。

Lamna nasus
鼠鲨
体长：2.3~3.6 米
体重：159~225 千克
保护状况：易危
分布范围：南北半球的寒温带水域，热带和赤道没有分布范围

鼠鲨背部和侧面为蓝色，腹部为白色。锥形吻，眼睛大且颜色深。牙齿呈锯齿状。胸鳍尖端略圆。

栖息在浅海、近海和远海，通常是海洋渔业丰富的寒冷水域。在海面至水深 700 米处发现过它们的踪迹。可能单独行动，也可能集体行动。是北大西洋常见的迁徙物种。根据性别和大小进行分组。

卵胎生，胚胎在卵巢中生长。一胎生 1~5 只幼鲨，孕期为 8~9 个月。

鼠鲨以硬骨鱼、软骨鱼和头足类为食，也捕食其他鲨鱼。

由于商业和体育目的，鼠鲨被大量猎杀。曾经在北大西洋捕杀很严重，现在已经得到监管。

细长的吻
这一表征使它们和近缘种得以区分。

Prionace glauca
大青鲨

体长：3~4 米
体重：150~206 千克
保护状况：近危
分布范围：全球热带和温带海域

大青鲨身体修长，吻部很长，呈圆锥形。下颌已经变得不需要抬头就能进行撕咬，因为上部能够向前突出。眼睛很大，被半透明的眼睑（瞬膜）保护，所以没必要闭眼。背部是金属蓝色，腹部为白色。这种背部和腹部反差鲜明的色调使它们不容易被发现。从上方看，其体色与海底融为一体；从下方看，又融入了海面上射下的阳光中。这种进化策略在许多海洋脊椎动物中是常见的。

大青鲨拥有高度的洄游性，移动模式和空间结构很复杂，这与它们的繁殖和食物分布紧密相关。它们偶尔攻击鸟类，吃鲸类腐肉，但它们主要的食物是鱼类（包括其他鲨鱼）、乌贼和螃蟹。

在白天它们会贪婪地猎食，到了夜间更加疯狂。在市场上它们的肉被新鲜出售或腌制出售，但相对于其他更庞大密集的捕鱼活动，它们并没有受到商业的影响而面临严重的被捕捞的压力。有时也因为体育钓鱼比赛而被捕捞。据估计，每年约有 2000 万条个体被捕获。目前还没有关于其物种数量的研究。

繁殖
雌鲨孕期约为1年，一次可以产下80只幼鲨，幼鲨长40厘米。

巨大的头
它们细长的吻部和深色的大眼睛很突出。

牙齿
牙齿会脱落并且频繁更换。

出色的游泳者
游过极远的距离，有过迁徙1200千米的记录。

Schroederichthys bivius
狭口短唇沟鲨

体长：32~78 厘米
体重：160~180 千克
保护状况：数据不足
分布范围：南美洲南部

狭口短唇沟鲨体形小，深褐色，全身的皮肤上有红点。它们是阿根廷和智利海岸特有的，常见于整个大陆架、海岸和近海海域。它们在捕食方面是机会主义者，以大小合适的甲壳类、软体动物以及硬骨鱼类为食。在夏天只吃海峡中的虾。卵生，在岩石或海藻上产卵，卵有厚厚的壳，以防掠食者捕食。鱼卵单独孵化，幼鱼一旦孵化便需要自我保护。它们的鱼卵同其他大部分鲨鱼不同，更趋于长方形，看起来像一个硬质的、细长的金色小袋子，在末端有一根类似绳的物体。

Galeorhinus galeus
翅鲨

体长：1.9 米
体重：45 千克
保护状况：易危
分布范围：全球海岸（除亚洲、北极和南极洲）

翅鲨底栖，是游泳健将，但都生活在海底。独自行动，在迁徙时会形成庞大的群体。栖居在温带海域，沿海和外海都有分布。以其他鱼类、甲壳类、乌贼、海胆和海中的蠕虫为食。卵胎生，胚胎储存于母体内，以此繁衍下一代。

Mustelus schmitti
舒氏星鲨

体长：0.9~1 米
体重：4~5 千克
保护状况：濒危
分布范围：南美洲东南海岸

舒氏星鲨身体呈光亮的深灰色，背部颜色更深，点缀着白色小圆点。吻部短而钝，眼睛小。嘴里有镶嵌式的牙齿。螃蟹是它最主要的食物，但也会以环节动物、甲壳类和一些硬骨鱼为食。舒氏星鲨的分布非常有限，是南美洲南岸特有的，在那里它们会季节性地成群迁移。

保护
在它们的分布区被大量捕捞，包括商业和体育行为。也有在以其他鱼类为目标的捕捞时撞进渔网被顺带捕捞的情况。这些威胁甚至扩展到了它们繁殖的区域。

鱼类（上） 45

Galeocerdo cuvier
鼬鲨

体长：5~7 米
体重：800~2300 千克
保护状况：近危
分布范围：全球热带和亚热带海岸

鼬鲨又称虎鲨，在身体的背部和侧面有一系列横向的暗条纹，类似老虎，名字也是由此而来。身体呈灰色或蓝绿色，脸部和腹部是白色。

有些鼬鲨类似大白鲨，但是大白鲨脸部不是白色且背部发白。鼬鲨在全球温暖水域中栖居，从近海到外海都有分布。像许多大型鲨鱼那样，鼬鲨是卵胎生，每胎生 30~50 只幼鲨，幼鲨长约 75 厘米。肉食，捕食其他鲨鱼、鸟类、鳄鱼、海龟、海狮、龙虾和海蜇，它们昼伏夜出。偶尔会攻击人类，是继大白鲨之后攻击人类记录最多的。

"大腹便便"
有一个大大的肚子，一直延伸到尾鳍。

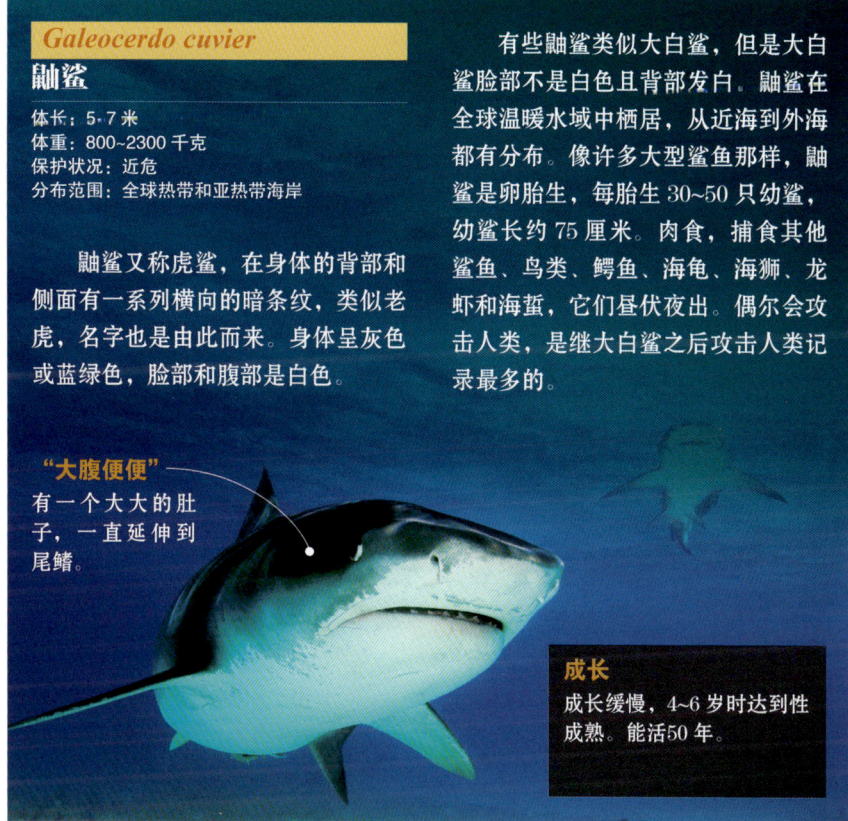

成长
成长缓慢，4~6 岁时达到性成熟。能活 50 年。

Sphyrna zygaena
锤头双髻鲨

长度：3~5 米
体重：400 千克
保护状况：易危
分布范围：全球热带和温带海域

锤头双髻鲨头部扁平，呈锤子形，眼睛和鼻孔长在头部两端的末端，这也是它们名字的由来。捕食很积极，以多种鱼类和无脊椎动物为食。在炎热的夏天常常能看到它们在海面游弋，背鳍露出水面。每年的迁徙来临时，几千只个体会聚集在一起。

Sphyrna mokarran
无沟双髻鲨

体长：2.3~6.1 米
体重：350~450 千克
保护状况：濒危
分布范围：全球热带和温带海域

无沟双髻鲨尾鳍有一个黑色的尖端，头部前段有一条短缝，以此来和锤头双髻鲨区分。牙齿呈钩状，很锋利，便于撕裂和吞噬猎物。食物多样，包括其他鲨鱼、鳗鱼、石斑鱼、鲷鱼、海豚鱼以及有毒的蝎子鱼。它的嗅觉能够探测到 1000 米外的一滴血。

Carcharhinus longimanus
远洋白鳍鲨

体长：2.7~4 米
体重：167 千克
保护状况：易危
分布范围：全球热带和亚热带海域

有着相当扁平的身体，使它们看起来驼背。背部可能是棕褐色、棕色、蓝色或灰色（取决于栖息地）的，腹部是白色的。

在热带和亚热带海域的各个深度都能发现其踪影，但是趋向于在海面附近活动，捕食区域很广。

虽然移动缓慢，但在追逐猎物时可以达到很高的速度。猎物包括硬骨鱼类、鳐鱼、海龟、鸟类、甲壳类和腐肉。尽管它们喜欢独行，但在遇到大型鱼群时，它们会集体行动。幼鲨常被其他大型鲨鱼捕食。它们也被称为"海狗"，因为它们追随渔船寻找食物。在它们身边，经常能看到胭脂鱼和舟鰤的陪伴。

特征
在鳍的顶端有白斑。

修长的鳍
胸鳍就像大翅膀。

Carcharhinus leucas
公牛鲨

体长：3.5 米
体重：125~160 千克
社会单位：群居
保护状况：近危
分布范围：世界热带和亚热带海域

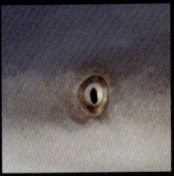

小眼睛
视觉对于捕猎并不重要

公牛鲨有着结实的身体，背部呈深灰色，腹部为白色。吻部钝而圆。第一背鳍和胸鳍很大，呈三角形。鳍的末端是深灰色。

栖息地

栖居在全球热带和亚热带浅水海域。可以在港湾、河口和潟湖处发现它们的踪迹。拥有进入和离开淡水的能力，能够忍受高盐度的环境。

繁殖

胎生，经过11个月的孕期之后，在春季或者夏季生下1~13只幼鲨。可能在淡水中度过它们生命的大部分时间，但是繁殖很可能是在海中。

危险性
当它们进入一些淡水河流，很可能攻击毫无防备的游泳者。

淡水鲨鱼

这个物种栖息在全球的海洋中，但不同于其他大多数鲨鱼，它们可以进入河流、湖泊和其他淡水水域。由于它们进入内陆水域，因此有攻击人类的记录。据估计，这个物种造成了1916年美国新泽西海岸的著名袭击事件。

眼睛

眼睛很小，与同科的其他物种一样，眼睛可能在狩猎中并不起太大作用，尤其是考虑到它们大部分都生活在泥泞的水域。

吻
吻钝而圆，这个特点将它们与同科的其他物种区别开来。

牙齿

公牛鲨的牙齿强而有力。上颌长有三角形的大牙，边缘是规则的锯齿状。相反，下颌的牙齿比较小，分布广泛。上下颌的第一排牙齿都是直立的，后面的牙齿逐渐向后倾斜。

3700 千米
在深入亚马孙河流域3700千米的地方例外地被发现过

鱼类（上） 47

生理适应性

能生活在淡水中，也能生活在盐度高达53‰的盐水中，而相比之下正常的海水盐度是35‰。

淡水中的渗透调节

为了避免由于海水的盐度造成的脱水，鲨鱼体内血液中盐的浓度与海水类似。不过，公牛鲨能够降低体内的盐度，并通过肾脏用稀释的方式排除过量的水分。以这种方式，它们能够通过在淡水中减少血液中的尿素而适应环境，在海水中时则以相反的方式进行。

5 当回到盐水中时，它们的鳃正常地合成尿素。

4 增加生产低盐度尿的能力。

1 在海中，一些水进入身体，水中的盐分是要排出的，淡水中则不会发生这种事。

2 减少生产尿素，但在淡水中的饮水要大量减少。

3 同时减少肾和直肠对盐的排泄。

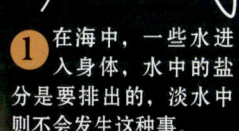

颜色

背部颜色很深，从上方看，会与海底融为一体。腹部是白色，从下方看时，会与从海面射入的光线混淆。

30 米

尽管能够深入150米的深度，但它更喜欢栖息于30米或更浅的水中。

猎物

几乎吃所有猎捕到的动物。常吃的猎物包括硬骨鱼、小的鳐鱼和鲨鱼。偶尔吃螃蟹、海龟和乌贼。在一些地区攻击鸟类和海豚。

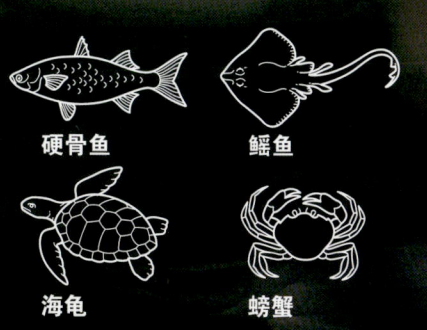

硬骨鱼　　鳐鱼

海龟　　螃蟹

Squalus acanthias
白斑角鲨
体长：1~1.6 米
体重：9 千克
保护状况：易危
分布范围：全球

白斑角鲨身形苗条，背鳍上有尖锐的棘刺。是一个分布非常广泛的物种，从寒带到温带水域的海岸、大陆架外海、岛坡和大陆坡上部都有出现。栖息在海面至接近海底的区域。游动缓慢，可单独行动，也可以与其他鲨鱼一起组成大型群体，有时会有上千只。卵胎生，一胎生1~20个胚胎。通常大个的雌性生下的胚胎更多，孵化的幼鱼个体也更大。幼鲨孵化后22~33厘米长，性别比例相同。吃硬骨鱼类和螃蟹。

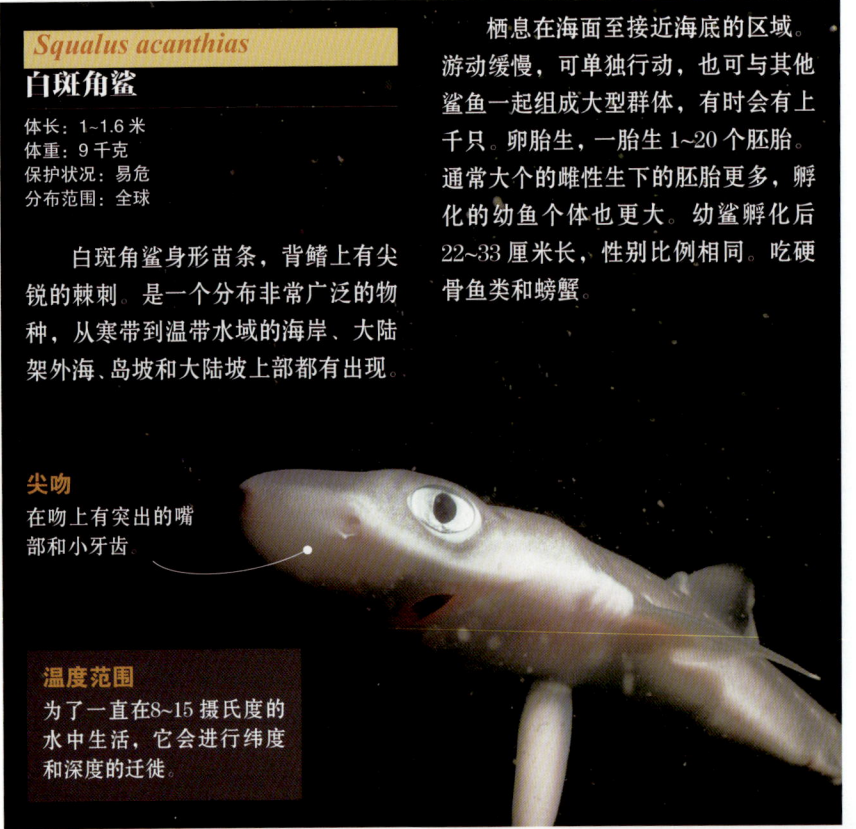

尖吻
在吻上有突出的嘴部和小牙齿。

温度范围
为了一直在8~15摄氏度的水中生活，它会进行纬度和深度的迁徙。

Etmopterus bigelowi
比氏灯笼棘鲛
体长：40~67 厘米
体重：3~5 千克
保护状况：无危
分布范围：全球

比氏灯笼棘鲛身体呈棕色或黑色，两侧有金属绿色的宽条带。身体非常细长。

它们的名字是参考自灯笼棘鲛科的最主要特点，因为拥有发光器官而使得腹部发亮。在1993年这个物种在分类学上被与它们的同类布希勒灯笼棘鲛区分开来。在这之前，比氏灯笼棘鲛因为两者相似而一直被忽视。

比氏灯笼棘鲛栖息于印度洋、大西洋和太平洋热带和温带岛屿及海岸150~1000米深的水域。以乌贼、鱼类和鱼卵为食。它们广泛的全球性分布以及很少的针对性捕捞使得种群保持在可观的数量。对于它们的生物学研究并没有很多数据。

Squaliolus laticaudus
小抹香鲛
体长：27.5 厘米
体重：500~950 克
保护状况：无危
分布范围：全球

小抹香鲛是世界上最小的鲨鱼物种之一。有非常大的眼睛和细长的身体，形状像雪茄。吻部结实且向外延伸，略呈锥形。体色从褐色至黑色不等，鳍的尖端颜色更浅。嘴位于腹部，嘴唇薄。它们的腹面上有众多的生物发光器官。这种光被认为是一种伪装形式，它们会利用这些光在可能的捕食者面前隐藏身影，模拟周围的光影环境，尤其是海面上的光环境。此外，它们也会通过上述技能捕食猎物，所以发光功能对它们来说是具有双重功效的。小抹香鲛为了追逐猎物（小硬骨鱼和乌贼）而进行垂直移动，白天在500米水深处，夜间前往200米的水深区。据猜测是卵胎生。没有商业价值，因而没有被捕捞。

Somniosus microcephalus
小头睡鲨
体长：6~7 米
体重：670~780 千克
保护状况：近危
分布范围：大西洋和北极冰川

小头睡鲨是北极圈深海的独有物种。可以生活在深达2500米的深处。食物包括鱼类、乌贼、海洋哺乳类，例如海豹和海象。然而，在它们的胃中发现过驯鹿、马和北极熊的遗体。它们视觉不好，但嗅觉异常灵敏，能够探测到1000米以外的猎物，包括被困在海面厚厚冰层下的动物遗体。它们的肉有微弱的毒性，能产生与极度醉酒类似效果的毒素。

寄生关系
一种桡足类寄生虫（*Ommatokoita elongata*）会寄宿在它的眼睛中并吃它的角膜。

旅行者
尽管生活在北部海域，但一些个体游到了南极洲。

鱼类（上） 49

Etmopterus spinax
黑腹乌鲨

体长：35~55 厘米
体重：770~850 克
社会单位：独居
保护状况：无危
分布范围：大西洋东北部和地中海

黑腹乌鲨是深水最常见的物种之一，从 70~2500 米都有记录。其身体呈深色，细长，体形小，腹部发光。腹部的光在它们的生活中发挥作用，此外，光还被认为有充当诱饵引诱猎物的作用。幼年时吃磷虾和小硬骨鱼，达到成年时逐渐开始吃乌贼和虾。

该物种不具有商业用途，但每年会有大量黑腹乌鲨被意外捕获。

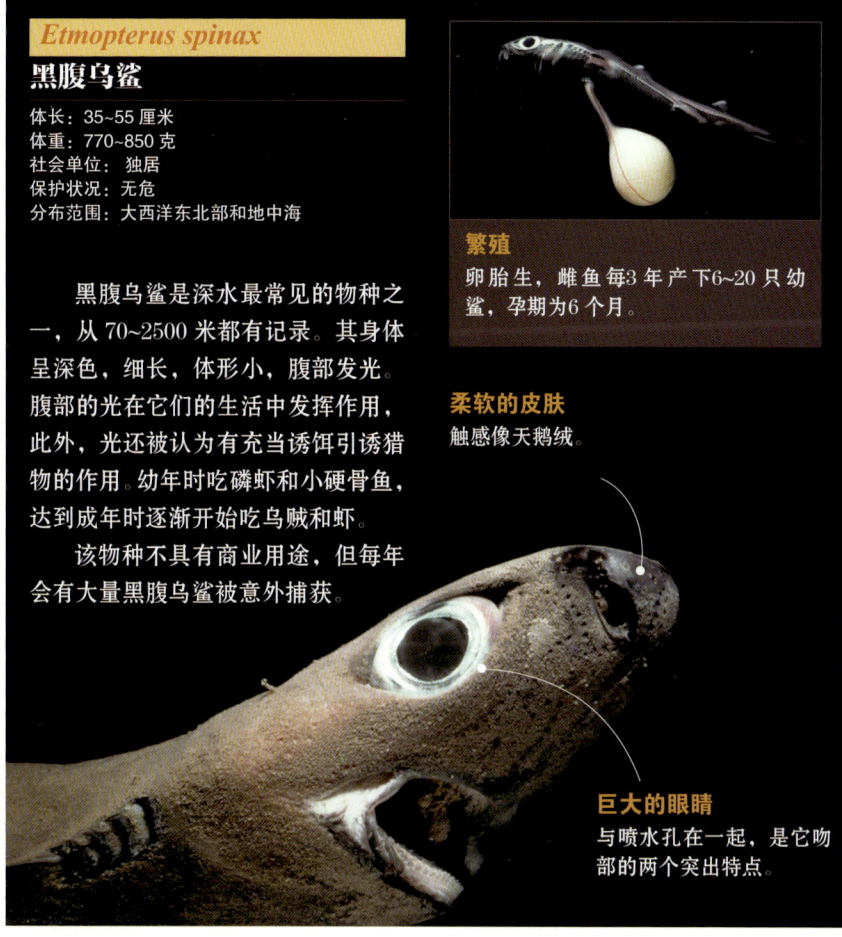

繁殖
卵胎生，雌鱼每3年产下6~20只幼鲨，孕期为6个月。

柔软的皮肤
触感像天鹅绒。

巨大的眼睛
与喷水孔在一起，是它吻部的两个突出特点。

Squatina squatina
扁鲨

体长：1.9~2.4 米
体重：19~23 千克
社会单位：独居
保护状况：极危
分布范围：欧洲和地中海沿岸

扁鲨由于宽阔扁平的侧鳍和生活习惯，表面看起来就是一条鳐鱼。体色能帮助它们潜伏在海底并伏击猎物。它们主要以硬骨鱼类为食，也捕食贝类和甲壳类。夜间更为活跃。扁鲨是拖网捕鱼的副渔获物，受这种捕鱼方式的影响，数量正在下降。栖息地的退化和旅游业的压力也是影响它们生存现状的潜在原因。

Squatina californica
加州扁鲨

体长：1~1.5 米
体重：23~27 千克
社会单位：独居
保护状况：近危
分布范围：美国太平洋沿岸

加州扁鲨背部呈沙灰色，喜欢沙底，往往靠近岩石峭壁。没有背鳍和臀鳍，背部光滑，这使得它们的伪装更加有效。通过埋伏捕猎硬骨鱼和乌贼，以及视觉来监视和窥伺猎物，在很长的时间内几乎一动不动。在夜间比白天更活跃。

Pliotrema warreni
六鳃锯鲨

体长：1.4~1.7 米
体重：9~13 千克
保护状况：近危
分布范围：南非沿岸和马达加斯加南部

六鳃锯鲨拥有一个细长带齿的手锯形状的吻部，用于清除水底泥沙来搜寻猎物（鱼、甲壳类和鱿鱼），在猎物惊慌失措时，用锯齿快速将其切割。

六鳃锯鲨通常生活在水下 40~60 米深处，但也能够达到 430 米深生活。它们的生物学和生态学特点鲜为人知。在其属中是唯一的物种。鳃裂的数量将它们与其他物种区分开来，它们有 6 个鳃裂，其他物种有 5 个。有 2 个小的背鳍，没有臀鳍。大小不一的锯齿形牙齿交错排列。它们与六鳃鲨目一样，是拥有 6 个鳃的鲨鱼类型，其他鲨鱼都只拥有 5 个或 4 个鳃。

可能是卵生，尚未得到证实。

Pristiophorus cirratus
长吻锯鲨

体长：1.10~1.35 米
体重：3.5~8.5 千克
保护状况：无危
分布范围：南澳大利亚和塔斯马尼亚

长吻锯鲨褐色的背部有深色斑点，身体有深色带状斑，胸鳍处更为明显。鼻子的延伸物（吻端附属物）长度约有全身长度的 30%。每侧各有 9~10 颗牙。以鱼群的方式行动，以小鱼和甲壳动物为食。繁殖方式是卵胎生，每胎产 3~22 只幼鲨。

鳐鱼

门：脊索动物门
纲：软骨鱼纲
目：鳐形目
科：14
种：200

鳐鱼的鳃裂位于腹部，腹鳍和躯干融合形成了扁平的盘状。眼睛和气孔长在背部。大多数是卵胎生。只有两科（虹科和江虹科）拥有毒刺。电鳐科的肌肉细胞中拥有能够产生电压的组织。

Torpedo puelcha
砂电鳐

体长：1.04~1.1 米
体重：无数据
保护状况：数据不足
分布范围：大西洋西南部

砂电鳐的背部颜色均匀，呈棕色或棕褐色，也有一些个体是棕灰色的。腹部呈白色，身体的边缘颜色更深，腹鳍和尾鳍也是这样。身体呈圆盘状，但最前端几乎是直的。底栖鱼类，偏爱微咸海水。栖息于大陆坡 600 米深度左右。背部有发电器官，可以麻痹它们的猎物，猎物主要是甲壳类和无脊椎动物。砂电鳐常常会被渔船的拖网顺带捕捞。

Torpedo marmorata
石纹电鳐

体长：60~100 厘米
体重：3 千克
保护状况：数据不足
分布范围：大西洋东中部、东南部和东北部；地中海和黑海

石纹电鳐身体呈盘状，背腹扁平。皮肤光滑，棕黑色的底色上有着颜色更深或更浅的斑纹。腹部是白色的。

石纹电鳐是夜行性独行动物，白天将自己埋在海底，只露出眼睛和气孔。夜晚会在 2~370 米的广泛深度范围内搜寻猎物，用电击使猎物瘫痪。以甲壳类和底栖小鱼为食。繁殖方式为卵胎生，每胎产 5~32 只幼鱼。

发电器官
可以产生高达200伏电压。

Narcine brasiliensis
巴西双鳍电鳐

体长：45~54 厘米
体重：650 克
保护状况：数据不足
分布范围：大西洋西南部

巴西双鳍电鳐是电鳐中最小的，栖息在沿海水域，特别是沙地，在那里缓慢地游动。尾部呈三角形，腹部呈白色或绿色。发电器官位于胸鳍的根部。用不同寻常的方式进食，吸食海底下面的猎物，通过鳃、嘴和气孔将吸入的泥沙排除。

食物包括多毛虫、小鱼和其他无脊椎动物。雌性会产下 4~15 只活的幼鱼，幼鱼一出生就有发出电击的能力。

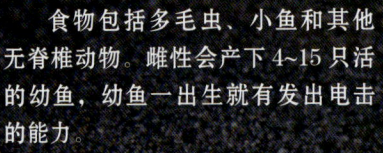

识别
背部颜色在暗棕色和橙红色之间，有圆圈、斑点或条纹。

尾巴
有一直延伸到背鳍的条带。

鱼类（上） 51

Narcine entemedor
小口双鳍电鳐

体长：65~76 厘米
体重：无数据
保护状况：数据不足
分布范围：太平洋中东部和东南部

小口双鳍电鳐皮肤柔软松散，没有鳞片和棘刺。呈棕灰色，一些个体拥有很淡的眼状斑点，并且一些个体有白化病。

它的身体和胸鳍构成一个圆盘。背鳍和臀鳍的末端有角度。气孔周围有小的突起。

栖息于潮间带和浅水区，水深可达到 100 米，通常在珊瑚礁附近。白天藏在沙子下面，到了夜间游到海湾水更浅的地方捕食多毛虫、甲壳类、硬骨鱼类、软体动物和海鞘。卵胎生。繁殖周期为 1 年，七八月间是交配季节。雌鱼在 10~12 个月的孕期后能产下 15 只左右的幼鱼。

防御
如果它感受到威胁，会将背部拱起，冲向攻击者。

大鼻子
拥有一个唯一的，没有被分开的鼻孔。

Discopyge tschudii
盘臀电鳐

体长：44.2~53.8 厘米
体重：无数据
保护状况：近危
分布范围：大西洋西南部和太平洋东南部

盘臀电鳐背部呈均匀的红棕色，腹部为白色。胸鳍和身体融合，形成一个椭圆形盘。尾鳍是歪尾型；尾巴短而健壮，沿着尾巴有肉质的褶皱。与其他鳐鱼不同，这个物种的雄鱼比雌鱼更大。幼鱼的尾巴是白色的，有褶皱，胸鳍上有圆形的浅色斑点。

盘臀电鳐为卵胎生。卵的成熟期与妊娠期是交替的。一胎包括 1~12 只幼鱼，幼鱼平均长 5 厘米。主要以多毛虫为食，也吃甲壳类和其他埋藏在海底的生物。栖息于寒带和温带水域，水深 20~180 米。据推测，性别不同栖息的深度也不同。会被拖网意外捕获。

Diplobatis ommata
双电鳐

体长：25 厘米
体重：无数据
保护状况：易危
分布范围：太平洋中东部

双电鳐躯干的中心有一个醒目的眼状斑纹，像是一个标靶。

它们习惯在夜里独行，在浅水的沙底或岩石底栖息。白天埋在沙子下面，夜晚出动捕食，以小鱼、虾和蠕虫为食。卵胎生，幼鱼吃母亲子宫内的营养物质。

Pristis pristis
普通锯鳐

体长：2.5~7.5 米
体重：250~350 千克
保护状况：极危
分布范围：大西洋东部、中部和东北部，地中海和黑海以及太平洋东南部

普通锯鳐得名于像锯子一样的刀片状吻部。吻部细长，两侧有嵌入牙床的尖牙。吻部的形状使它们在被困于捕鱼用的手工刺网和捕虾用的拖网中时非常容易受伤。

栖息在深度适中的海水中（可达 10 米），也栖息于潟湖、海湾和河口。以鱼类为食。

Pristis pectinata
栉齿锯鳐

体长：5.5~7.6 米
体重：350 千克
保护状况：极危
分布范围：大西洋、印度洋东部、西部和地中海

栉齿锯鳐扁平的吻部有着 24~32 对牙齿，看起来像锯子。敏感的毛孔使它们能够探测到藏在海底的猎物的运动和电场。皮肤上覆盖着棘刺，质感粗糙。栖息于淡水和咸水的浅水区、泥泞区。

由于它们生长缓慢，因此繁殖率很低。

Platyrhinoidis triseriata
刺鳐

体长：11~91 厘米
体重：无数据
保护状况：无危
分布范围：太平洋中东部海岸

刺鳐的名字来自于背部众多的棘刺，分别在吻部顶端、眼睛周围以及粗大的尾巴上纵向排列着3排棘刺。身体呈盘状且宽，呈椭圆形，每只眼睛后面有明显的气孔。栖息于浅水区的沿海软底的泥地或沙地中，但也在更深的水域中发现过它们的踪迹。沿着海底移动，在那里它们能够发现猎物，以螺类、螃蟹、章鱼和其他无脊椎动物为食。

Aptychotrema rostrata
钩鼻铲吻犁头鳐

体长：13~120 厘米
体重：无数据
保护状况：无危
分布范围：澳大利亚东部

钩鼻铲吻犁头鳐的头和鳍融合在一起构成圆盘状，身体的长度大于宽度，呈三角形。长尾巴上有两个背鳍，尾巴向末端逐渐变细。栖居在软底水域、潮间带，有时生活在珊瑚礁附近。虽然主要栖息于浅水中，但栖息深度能够达到200米。在不觅食的时候，喜欢趴在海底，或者把身体的一部分埋起来。以甲壳类、软体动物、无脊椎动物和一些小鱼为食。出于商业和娱乐的原因，是被渔民捕捞的鳐鱼种类之一。

此外，钩鼻铲吻犁头鳐经常被困在用于捕捞其他物种的渔网中。尽管面对这些威胁，但其物种数量仍很丰富。

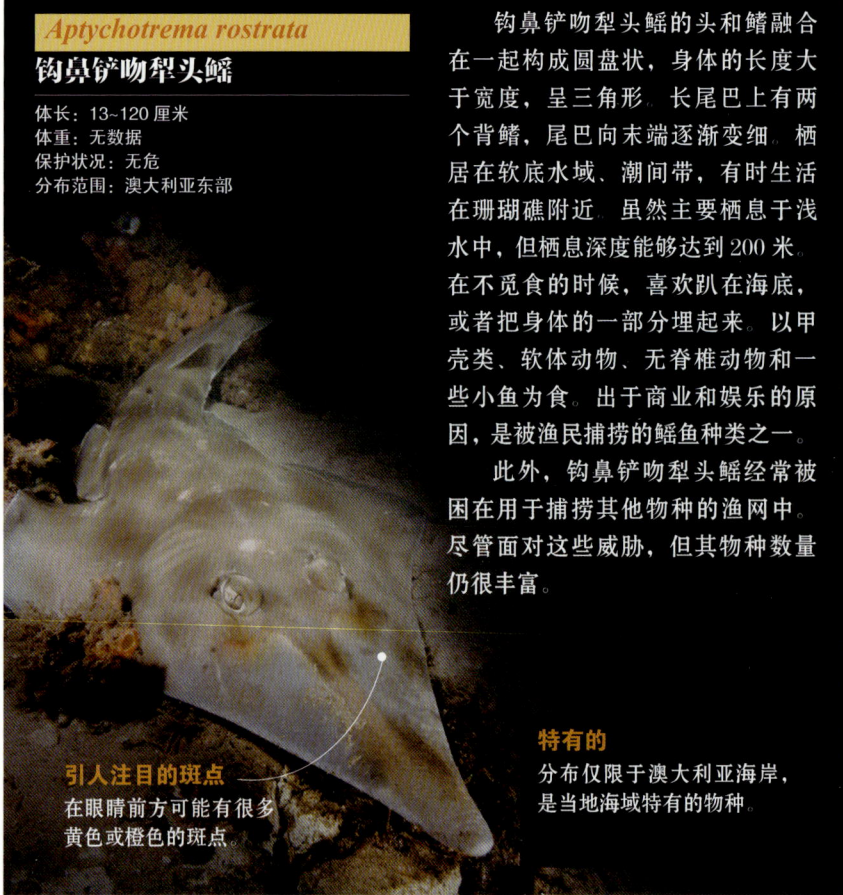

引人注目的斑点
在眼睛前方可能有很多黄色或橙色的斑点。

特有的
分布仅限于澳大利亚海岸，是当地海域特有的物种。

Rhinobatos productus
环吻犁头鳐

体长：15~170 厘米
体重：18.4 千克
保护状况：近危
分布范围：太平洋中东部海岸

环吻犁头鳐胸鳍与头部连在一起构成一个三角形。脸部的软骨组织微微上抬形成吻。过着游牧式的群居生活，生活在浅水区，以无脊椎动物和小鱼为食。孕期4~5个月，每胎大约生5只幼鱼。种群面临人工捕鱼和拖网误捕的压力。

Rhina ancylostoma
圆犁头鳐

体长：45~300 厘米
体重：135 千克
保护状况：易危
分布范围：印度洋和太平洋沿岸

圆犁头鳐头部明显区别于胸鳍，尾巴比身体长得多。下颚呈波浪状，像一张弓。在浅水区的海底活动，通常在珊瑚礁区。主要以底栖甲壳类为食。繁殖方式是卵胎生。

在其广泛的分布区内，它们都受到来自捕捞的高度压力。

Zapteryx exasperata
洁背强鳍鳐

体长：15~97 厘米
体重：3~5.8 千克
保护状况：数据不足
分布范围：太平洋沿岸

洁背强鳍鳐的头和胸鳍使身体呈三角形的盘状。皮肤呈棕色，有深色的斑点和条纹。在沿海沙地、岩礁的浅水区水底活动。白天藏身于洞穴和裂缝中，夜晚很活跃，在岩石间捕食无脊椎动物。雌鱼往往聚集在一起，只有在短暂的繁殖期会与雄鱼汇聚。

鱼类（上）

Rhynchobatus djiddensis
及达尖犁头鳐

体长：3.1 米
体重：227 千克
保护状况：易危
分布范围：印度洋西岸

虽然及达尖犁头鳐是鳐鱼的一种，但其种种特点会将它们与鲨鱼混淆。细长的身体，浅灰的颜色，粗壮的尾巴和高高的背鳍构成了它们的外表。由于这种和鲨鱼的相似性，它们的鳍在亚洲市场是最抢手的。以小鱼、螃蟹和软体动物为食。成长缓慢，卵胎生，每胎生 4 只幼鱼。

Atlantoraja castelnaui
卡氏大西洋鳐

体长：20~140 厘米
体重 1~18 千克
保护状况：濒危
分布范围：从巴西南部到阿根廷中部的大西洋西南部沿岸

卡氏大西洋鳐有一个很大的盘状身体，前段呈波浪形，吻部钝。尾鳍薄但不长，在后端有两片背鳍。其名字来源于浅棕色的背部有很多深色的圆形斑点。这种图案能轻易地将它们与其他鳐鱼区分开来。

卡氏大西洋鳐主要以底栖鱼类和无脊椎动物为食，例如章鱼、虾和海胆。然而，其食物中的一些上层鱼类证明了它们会到海水上层活动。卵产在保护性的胶囊中，两端有尖锐的突起。雌鱼通常在沙底产卵。

它们的体形大且繁殖率低，种群数量正因为在其分布区的密集捕捞而下降。

Raja clavata
背棘鳐

体长：1.2 米
体重：18 千克
保护状况：近危
分布范围：大西洋东部和地中海

背棘鳐是最常见的鳐鱼之一。它们的学名与覆盖其背部的棘刺有关，成年个体的棘刺更大。胸鳍分成两瓣，雄鱼的后瓣进化成了性器官。在 10~60 米水深区活动，但也能到达水深 300 米区域。以所有底栖动物为食，尤其是甲壳类。卵生，雌鱼一年能产 150 多枚卵。

Leucoraja erinacea
猬白鳐

体长：10~60 厘米
体重：2 千克
保护状况：近危
分布范围：北大西洋中西部海岸

尾鳍 很窄，背面有一排刺。

腹鳍 分成前叶和后叶。

猬白鳐是最小的鳐鱼之一。有深色斑点，背部有许多棘刺的特殊图案。尾部有发电器官，可以间歇性地放电。食物包括多种无脊椎动物，主要是甲壳类。在浅水水底的沙中或砾石中活动，活动深度从海面至水下 90 米。白天不活动，夜晚开始活动。种群数量在过去几年中由于捕捞而减少，一些是商业目的，一些是因为不慎落入渔网中。

最近的研究表明，该物种已经非常接近被过度捕捞的阈值。

拟态 在它不动时，它棕色带斑点的背部会与海底的颜色相混淆。

Raja binoculata
双斑鳐

体长：2.4 米
体重：91 千克
保护状况：近危
分布范围：北太平洋东岸

双斑鳐的学名来自于胸鳍上两个类似眼睛的巨大斑点。身体扁平，呈菱形，吻部尖。以海洋无脊椎动物为食。卵生，能产下成对的细长的卵囊，每个卵囊中有 3~4 枚卵，卵在 9 个月后孵化。面临的生存危机来自直接和间接捕捞，繁殖率很低也是重要原因。

Manta birostris
双吻前口蝠鲼

体长：9米
体重：1400千克
社会单位：群居
保护状况：近危
分布范围：全球热带和亚热带水域

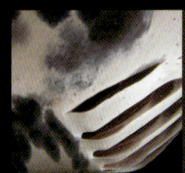

鳃
腹部有5条鳃裂。

双吻前口蝠鲼是世界上最大的鳐类。背部颜色很深或呈黑色，腹部呈白色或带有斑点。与鳐类其他物种不同，它们的嘴巴位于前方，呈长方形。胸鳍很大，呈三角形，在顶点处结束。尾巴很短，没有刺。

栖息地
生活在全球热带和亚热带海域、沿海海面、珊瑚礁区、河口以及开放的海域。它们的移动模式鲜为人知，但很可能跟着浮游生物群进行迁徙。

繁殖
在交配期，雄鱼追着雌鱼直到游到雌鱼下方，然后进行交配。它们是卵胎生。

成群结队
通常独居，但在找到食物地点时，会形成小的群体。

太平洋的浮游生物消费者
尽管蝠鲼体形很大，但对人类无害，因为它们没有刺，并且基本上只以浮游生物为食。它们在游动过程中张开大嘴以捕捉食物，拍打胸鳍推动身体前进，有鳍状肢。这种样子看起来像是魔鬼的角，因此也被称为"魔鬼鱼"。在食物高度集中的区域，有着50只个体集体行动的记录。

过滤器
海水表层捕获的浮游生物连同大量的水一起被吸收进来。之后由位于其鳃条部的海绵状组织板将其过滤。

1 游泳
胸鳍延伸到嘴的前方，通过被称为鳍状肢的软骨桡支撑。

14%
每个鳍状肢占到了盘状身体宽度的14%。

2 捕食
捕食期间鳍状肢延伸成铲状将浮游生物送向它们的嘴部，从嘴部到鳃部进行过滤。

杂技般的翻转
经常以腹部向外进行回环式的转圈。这种行为可能与捕食有关，能够产生漩涡将浮游生物聚集在一起，方便它们捕食。

方向盘
鳍状肢除了帮助捕食，也能够在运动过程中有效地改变方向。

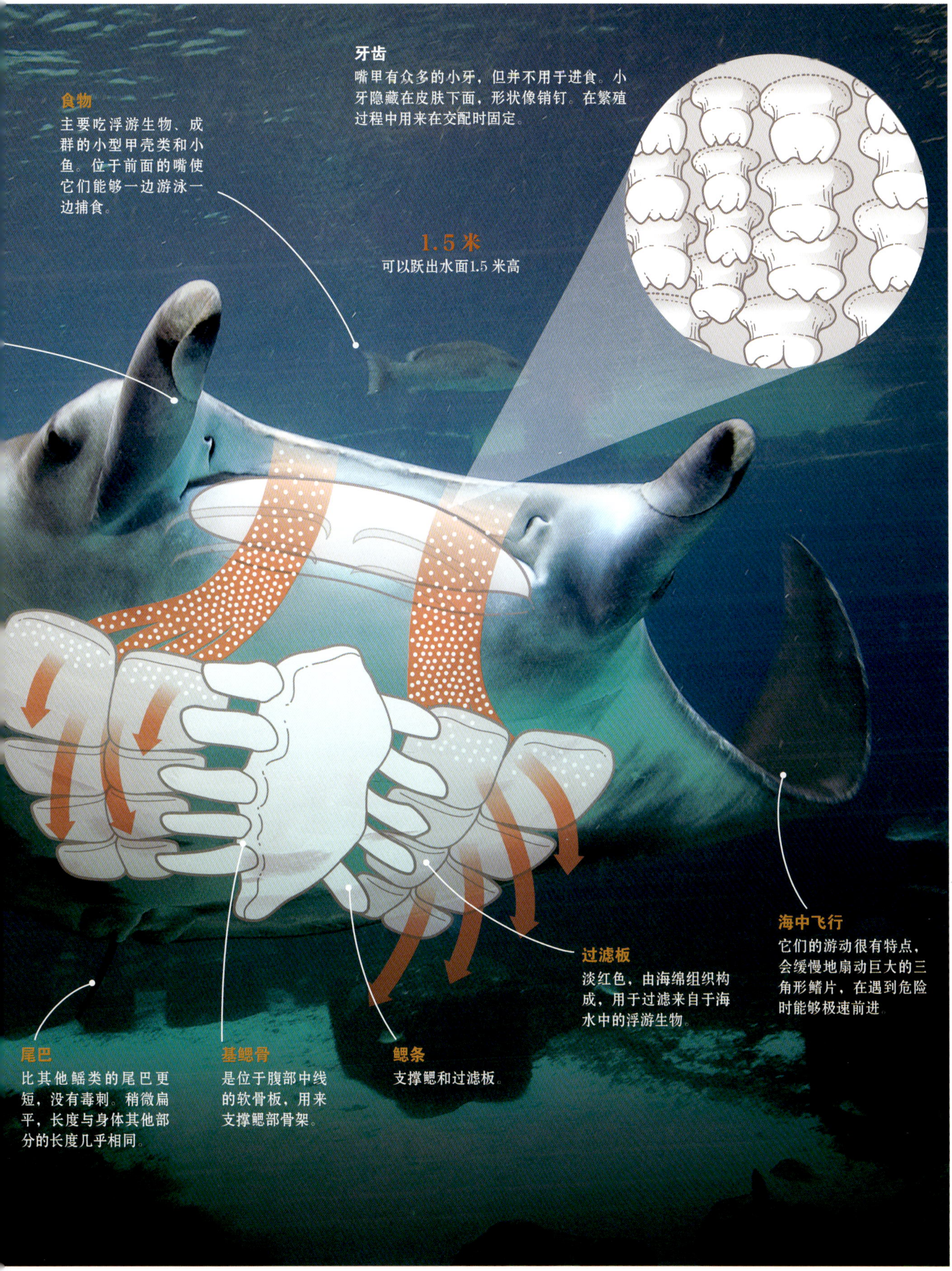

鱼类（上） 55

食物
主要吃浮游生物、成群的小型甲壳类和小鱼。位于前面的嘴使它们能够一边游泳一边捕食。

牙齿
嘴甲有众多的小牙，但并不用于进食。小牙隐藏在皮肤下面，形状像销钉。在繁殖过程中用来在交配时固定。

1.5米
可以跃出水面1.5米高

海中飞行
它们的游动很有特点，会缓慢地扇动巨大的三角形鳍片，在遇到危险时能够极速前进

过滤板
淡红色，由海绵组织构成，用于过滤来自于海水中的浮游生物。

尾巴
比其他鳐类的尾巴更短，没有毒刺。稍微扁平，长度与身体其他部分的长度几乎相同。

基鳃骨
是位于腹部中线的软骨板，用来支撑鳃部骨架。

鳃条
支撑鳃和过滤板。

Mobula hypostoma
下口蝠鲼

体长：83 厘米
体重：无数据
保护状况：数据不足
分布范围：从美国南部到阿根廷北部的大西洋沿岸

下口蝠鲼的背部呈黑色，腹部呈白色。尾巴细长，与圆盘很好地区分开来，不同于其他蝠鲼，尾巴没有刺。

在嘴的两侧有被称为头鳍的突起。生活在上层水域，主要在沿海地区活动，也会偶尔进入远海。嘴的位置是对于环境进行的适应性改变之一。其他底栖鳐鱼的嘴都在腹部，它们的嘴位于身体最前端，使它们能够捕食小型上层鱼类。食物包括浮游生物、甲壳类和小鱼。游动得很快，能够跳出水面。会以个体、小群体和二十几只个体形成的大群体的形式出现。

头鳍
是可以移动的突起，能够卷起来将浮游生物送向嘴边。

跳跃
进行跳跃能使它们摆脱寄生虫，也是一种游戏行为。

盘状的身体
颜色均匀，覆盖棘刺。

Myliobatis goodei
古氏鲼

体长：1.25 米
体重：无数据
保护状况：数据不足
分布范围：美国南部至阿根廷南部的大西洋沿岸

古氏鲼的鳍的形状和游泳的姿态也被称为海鲷角。身体光滑，颜色均匀，背部呈棕红色，腹部呈白色。头部被排除在圆盘之外，位于前端的背侧。胸鳍的边缘连在一起形成锐角。尾端呈鞭子的形状。只有一个小背鳍，背鳍后边有一根带有锯齿边缘的刺，通常还伴有一个小刺以备更换。它们的刺能够释放一种有毒物质，使人体产生剧烈的烧灼感。没有尾鳍。

能够在海岸附近至180米的水深处发现它们的踪迹，是一种能够长途游行的物种。

古氏鲼以底栖无脊椎动物为食，例如多毛类、双壳类、螺类、螃蟹、端足类和海参等。

胎生，幼鱼出生时鳍卷曲在身体上。

Taeniura lymma
蓝斑条尾魟

体长：70 厘米
体重：无数据
保护状况：近危
分布范围：印度洋沿岸、红海和太平洋西岸

蓝斑条尾魟点缀在椭圆形圆盘上的带虹彩的蓝色斑点以及尾部两条同样颜色的横向条带，使它们不可能被认错。这种"警告色"是在告诉掠食者它们有毒，在其尾巴的尖端有1或2根毒刺，用来自卫。

然而，有一个物种能够躲避它们的刺，双髻鲨（双髻鲨科）能够用头部的软骨组织突起将蓝斑条尾魟固定在海底，同时发起攻击吃掉它们。

蓝斑条尾魟常见于珊瑚礁的沙底或石底，生活在大陆架浅水区，深度可达20米。在退潮时藏到更深区域的洞穴中，涨潮时回到浅水区，单独或几只个体共同在清水中捕食。

为了寻觅猎物使用能够探测到猎物发出的电场的器官。嘴位于腹部，用来捕猎。以埋在水底的海洋无脊椎动物和小鱼为食。

在繁殖季节，雄性跟着雌性，通过化学感受器来了解雌性是否接受它们。

它们在怀孕期间，雌鱼将卵携带在子宫中，卵会在被生下时孵化（卵胎生）。它能够生下多达7只幼鱼。

共生关系
在珊瑚礁中，多种鱼和虾会帮它除掉寄生虫。它得到了"清洁"而小生物得到了食物。

蓝色斑点
背部引人注目的色彩使它成为水族馆捕捞的目标。

Potamotrygon motoro
珍珠魟

体长：1 米
体重：15 千克
保护状况：数据不足
分布范围：巴拿马、乌拉圭、巴拉圭的河流、奥里诺科河、亚马孙河、黑河流域

珍珠魟只在淡水水体中生活，偏爱平静的水环境。身体是标准的椭圆形，背部颜色醒目，被眼状斑点覆盖。习惯把自己埋在水底沉积物下，尤其是在一天中最热的几个小时里。幼鱼和成鱼食物不同，以此避免同类之间的竞争。珍珠魟出生后以浮游生物为食，随着成长便开始以无脊椎动物（软体动物、甲壳类和昆虫的幼虫）为食。体形较大的甚至可以捕食鱼类。一些大型鱼类和鳄鱼是它为数不多的捕食者。人工和商业化捕鱼，以及巴拉那河修建水坝导致其栖息地退化，是对该物种的主要威胁。

尾刺
珍珠魟的尾巴上有锯形的尖刺，它通过注入毒素来用尾巴自卫。

Plesiotrygon iwamae
近江魟

体长：2 米
体重：无数据
保护状况：数据不足
分布范围：亚马孙河流域

近江魟生活在内陆水域，虽然数量丰富，但关于它们的数据很少。它们有着近圆的圆盘，与尾区区分很明显。眼睛小。背部为米色和棕色，有呈格子状的斑点。腹部中央是白色的，带有褐色的斑点，靠近圆盘边缘的颜色与背部相似。尾巴非常长，几乎是圆盘长度的 2 倍，在末端变窄。

近江魟在河底活动。食物包括甲壳类、软体动物、寄生蠕虫、昆虫和硬骨鱼类。亚马孙河口季节性的盐度变化影响它们的分布和繁殖周期。

它们拥有淡水鳐类中最长的孕期，时间为 8 个月左右。一胎通常为 2 只幼鱼。

Gymnura altavela
大燕魟

体长：38~220 厘米
体重：60 千克
保护状况：易危
分布范围：大西洋东部和西部、地中海、黑海和加那利群岛

大燕魟菱形盘体的宽度大于长度。尾巴短而细，没有背鳍，尾巴根部有 1~2 根锯齿状刺。背腹部各有一根贯穿全身长度的龙骨。栖息于沿海，喜欢沙底和泥底，形成小群组。以鱼、甲壳类和软体动物为食。繁殖方式为卵胎生，胚胎最初由卵黄囊进行营养供给，之后接收母体子官分泌的液态营养成分。

Aetobatus narinari
纳氏鹞鲼

体长：3.3 米
体重：230 千克
保护状况：无危
分布范围：全球热带和温带水域

纳氏鹞鲼鳍的末端尖锐，看起来像是"翅膀"。没有尾鳍也没有背鳍，尾巴很长。栖息在大陆架上的沿海水域，偶尔进入潟湖和河口。它们有半远洋的习惯，可能能够跨越大洋。在非常接近海面的地方游弋，曾被看到过跳出海面。

单独或上百只个体形成群体进行迁移。以双壳类为食，但根据分布情况来看食物可能更广泛，包括虾、章鱼和螃蟹。坚固的牙齿使它能够破坏猎物的硬壳。在许多分布区都遭到严重的捕捞，也因为可以卖给水族馆或者是贝类的捕食者而被捕捞。

防卫
在它细长的尾巴上长有 2~6 根刺。

硬骨鱼类

虽然硬骨鱼类形色各异,但它们还是拥有区别于其他鱼类的共性。其中最重要的一点就是,骨骼全部或部分骨化。而且,还有能帮助它们在水中浮沉的特殊器官——鳔。

一般特征

由于骨骼的支撑和发达的肌肉可以满足硬骨鱼类不同习性所产生的需求,由此它们可以在水中任意畅游。它们拥有真皮演化而来的鳞片,用鳃呼吸,且绝大多数都有鳔。硬骨鱼纲有两个亚纲:辐鳍鱼类(广泛分布在淡水及海水水域),以及肉鳍鱼类(或称为叶鳍鱼类,包括总鳍鱼类和肺鱼类)。将近1/3的硬骨鱼栖居于淡水。

门:	脊索动物门
亚门:	脊椎动物亚门
总纲:	有颌类
纲:	2
目:	42
种:	26800

任意畅游

顾名思义,硬骨鱼的特点就是内部的整体骨架由真正的骨骼构成。鳐鱼和鲨鱼与此不同,它们没有完整的鳍,而是由特殊的鳍棘(鳞质鳍条)和肌肉组织来帮助它们在水中游动。此外,硬骨鱼类还拥有用于控制浮力的鳔。在底栖鱼类或深海鱼类中很难找到它们的同类。如果你看到它们体表有一层黏胶状的物质,不用奇怪,那是它们为减少摩擦力而分泌的黏液。它们的体形与生活习性息息相关,例如水中的游泳健将——金枪鱼(金枪鱼属)或者是三文鱼(鲑属)都是纺锤体形。然而,那些栖居在海底的鱼类,即底栖生物,例如比目鱼(无臂鳎属),则是典型的扁平体形。

感官

硬骨鱼在光线充足的水域生存,视觉是非常重要的。根据栖息环境以及习性的不同,硬骨鱼眼睛的位置也各不相同。有一些鱼的眼睛长在身体下方,比如绿边低眼鲶(*Hypophthalmus marginatus*)。另外,也有些鱼的眼睛镶嵌在表皮中,如柄眼鱼科的家族成员

适应性

硬骨鱼的形态演变五花八门,鱼鳍种类繁多,这使得它们能够栖居于地球上几乎所有的水生环境中。

分布

在地球上任何有水的地方，无论是海洋、咸水抑或是淡水环境，硬骨鱼的身影几乎无处不在。其分布的密度从回归线区域向两极区域递减。此外，海岸边的分布也极为密集，随着向远洋的深入，分布密度大大地降低。这要归因于海水的盐度、温度以及水流动态的变化。人类已经对物种的分布造成了影响，改变了原始的分布情况。像狮子鱼，就从印度太平洋迁移到了加勒比海盆地。

翱翔蓑鲉
Pterois volitans

鳍片
辐鳍鱼类都具有鳍棘。相反，肉鳍鱼类的鳍更像是动物的四肢。

们。比目鱼的眼睛最初是位于身体两侧的，左右对称，而随着其成长发育，一边的眼睛会逐渐往头顶上移动，慢慢形成了两只眼睛在头部同一侧的情况。大部分鱼类都有辨别色彩的能力，听觉、触觉和嗅觉也十分发达，还可以通过鱼鳔发出并放大声音。

与其他脊椎动物相比，大多数鱼类的大脑相对于身体是偏小的。另一个重要的感觉器官是侧线，它与神经系统相连，可以探测水流和振动，还能够感知附近物体的移动。

水中呼吸

硬骨鱼依靠片状鳃呼吸（高度血管化组织）。当水流动并通过鳃片时，它可以做气体交换，排出气体。辐鳍鱼的鳃部被一整块骨片覆盖，即鳃盖骨，从而形成一个起到保护作用的腔。由于受到海平面周期性变化的影响，它们的鳃腔内长出了迷宫状或纤维状的辅助器官（如鲶科）。也有一些鱼类利用肠道吸收氧气（老鼠鱼和电鳗），还有些鱼类是通过皮肤进行呼吸的，像鳗鲡（鳗鲡属）。肺鱼类和多鳍鱼类可以进行肺式呼吸，根据种类的不同，其对肺的依赖程度也不尽相同。硬骨鱼的鼻孔与嘴或鳃没有连接。例如鳗鱼，吸气和呼气的通道是完全分开的。此外，呼吸器官还可用于排除氨，鳃的排泄量可以达到肾脏的10倍以上。

洄游

许多硬骨鱼会进行规律性的洄游，时间从一天到几年，距离从几米到几千千米不等。这些迁徙行为主要归因于觅食和繁衍的需求，不过也存在某些未知的原因。溯河产卵的鱼类会从咸水水域游到淡水水域进行繁衍，其中最著名的就要属三文鱼。刚出生的小鱼苗在小溪流的淡水环境里被孵化，然后奔向海洋栖居。多年以后，它们会再次回到自己出生的地方，繁衍下一代，然后在小溪中度过自己生命的最后时光。许多海水鱼，比如金枪鱼，每年都会随海洋温度的变化由北往南洄游。还有一部分海水鱼，它们每天都会进行纵向洄游，夜间浮上水面觅食，之后再返回深海。淡水鱼类洄游的主要原因是繁衍生殖，距离通常较短，只是在河流与湖泊之间进行洄游。还有其他一些鱼类，按生态环境可分为两河洄游（在同一种水系中洄游）、远洋洄游（从海洋移栖至淡水）以及纯淡水洄游（仅在河流与湖泊中洄游）。

世界上最小的鱼

露比精灵灯（鲤鱼的远亲），学名 *Paedocypris progenetica*，属于淡水热带鲤科，原产于东南亚，被认为是全世界最小的脊椎动物。记载中雌性鱼最大的身长为10.3毫米，而雄性鱼最大的则是9.8毫米。雌性鱼拥有一个前臀鳍，这在硬骨鱼类中是非常独特的。世界上第二小的鱼是胖婴鱼（*Schindleria brevipinguis*），栖息于珊瑚礁上。

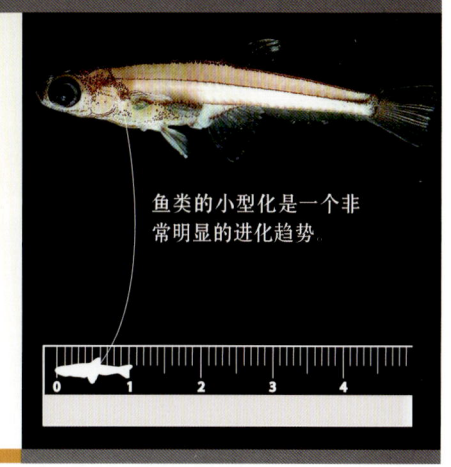

鱼类的小型化是一个非常明显的进化趋势。

色彩与生物光

鱼身颜色的作用包括：相同物种成员之间的识别，繁殖期吸引伴侣交配，为避免被攻击猎食而伪装成环境色并就此藏身。黑暗的深海水域中，发光器官可以满足颜色功能的需求。

深海之光

发光器官可以用于辨识伴侣，也可以作为一种伪装策略聚集成群（使其轮廓模糊），或是通过不停晃动的方式混淆捕食者们的判断，还可以作为陷阱引诱猎物。发光器发光的原理是身体上的变异腺体中贮藏着发光细菌，当这些细菌发生生化反应时，便会发出亮光。其他更加复杂的发光器官则是由发光细胞组成的。

皮质穗
这是经由背鳍鳍棘衍变而成的一种吸引器官

眼睛
硬骨鱼的视网膜后部有一层特殊的细胞，被称为明毯，其功能是在几乎完全黑暗的环境下，反射光线使其增强以利于光感受器的接收

75
发光器每分钟可闪烁75次。

多样性

发光器官可以作为诱饵（拟饵体）长在头部附近，突出的光点像前照灯一样，可以通过特殊的肌肉组织控制其活动。

多指鞭冠鮟鱇
Himantolophus groenlandicus
它的尾巴和鳍上都长有发光细胞。而且，它还有一个发光诱饵（拟饵体）用来吸引猎物。

树须鱼
Linophryne arborifera
发光诱饵（拟饵体）位于头顶部位，像有很多分支的大胡子一样，同样，它也可以发光来吸引猎物。

丝须深巨口鱼
深巨口鱼属
颜色很深邃，它的特征是全身都遍布着发光点。

约氏黑角鮟鱇
Melanocetus johnsonii
在水下可以发出非常强烈的蓝光，照射距离非常远，由发光细菌群产生光亮。

鱼类（上） 61

假眼
模仿成眼睛的色斑长在身体上，用于恐吓潜在的攻击者。

玻璃鱼
由于缺少色素沉着，一些鱼类的身体呈透明状，可以用于自我隐蔽。

色彩之源
鱼类的体色是由光的折射和色素细胞中的色素共同作用而形成的，红色和黄色是由类胡萝卜素生成的，荧光黄色则和黄酮有关，黑色、灰色以及褐色所对应的是黑色素。鳞片的金属光泽是由鸟嘌呤晶体沉淀而形成的。

色泽变换
许多物种可以改变自身的颜色。色素细胞中色素的变化会使鱼的体色变深或变浅。

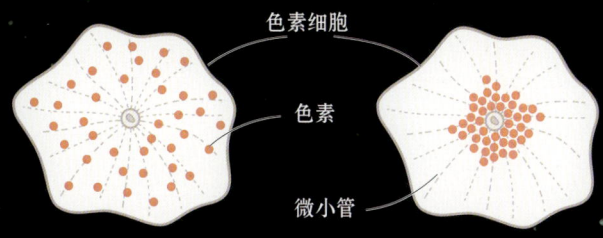

色素细胞
色素
微小管

A 色散
色素弥散至细胞的边缘，使鱼的体色变暗。

B 色聚
色素向细胞中心聚集，因此鱼的体色变亮。

色彩斑斓
鱼类的体色，既可以满足它们与同类沟通的需求，也可以帮助它们躲避捕食者们的袭击。大多数鱼类的体色非常柔和，这样有助于隐蔽，不过也有一些鱼类的体色非常鲜艳夺目。

花斑拟鳞鲀
Balistoides conspicillum

丝鳍线塘鳢
Nemateleotris magnifica

横带猪齿鱼
Choerodon fasciatus

线鮨
Gramma loreto

发光器官
发光器官以点状的形态分布在整个鱼身，它能够发光是因为荧光素的氧化，但是内部不产生热量。

适应性
深海鱼除了能发光之外，它们的嘴和牙齿都很大，这样可以帮助它们捕食在深海中为数不多的猎物。

胡须
下颌骨处挂着闪闪发光的、支链状的"大胡子"，每根胡须中都富含大量的生物发光器官。

30米
在深海中，深海鱼发出的光在30米外都可以看到。

解剖结构

硬骨鱼与软骨鱼的区别是，它们的内骨骼全部或部分骨化，而软骨鱼的内骨骼由软骨组织构成。尾鳍的叶片通常呈对称状。大部分种类至少长有一个背鳍、一个臀鳍和两个胸鳍。它们的鳃被鳃盖骨遮护着，呼吸时像泵一样排出水流，不需要任何推动。它们的身体被柔韧的鳞片覆盖着，这些鳞片所分泌出的黏液可使它们更加灵活地在水中穿梭。

皮肤

硬骨鱼的皮肤是在水生环境中生存的第一道保护屏障，表面湿润，具有黏液腺，所分泌的黏液可以起到润滑剂的作用，能抵御外界有害物质侵袭，一些物种的黏液还有其他用途。比如鹦嘴鱼（鹦嘴鱼科）在夜间休息的时候会用类似黏液的分泌物把自己的身体包裹起来，像穿上了件睡衣一样，这层"睡衣"像是一层保护壳，保护它们不受靠嗅觉觅食的捕食者的侵袭。盘丽鱼（*Symphysodon discus*）的幼鱼以父母分泌的黏液为食。它们的身体有些是裸露的，有些则被柔韧的鳞片（硬鳞质或是齿鳞质）保护。

骨骼

硬骨鱼的骨骼一般是硬骨质，除了原始的鱼类，像中华鲟（鲟鱼属）的大部分骨骼由软骨组成，大致可分为颅骨、脊以及附肢骨鳍。颅骨用于保护大脑以及支撑颌骨和鳃弓。相反，像四足动物（两栖类动物、爬行类动物、鸟类和哺乳类动物）的椎骨数量在同一特定物种中都是各不相同的。鱼刺与鳍相连，是椎骨的延伸。肋骨也与椎骨相连，但鱼刺是由周围的肌肉纤维骨化形成的。鳃盖骨是覆盖在鳃腔外的一大块硬骨，呼吸时可以调节水流。通常，这种鱼的皮骨采用舌接型方式相关联，所以它们嘴部的活动能力非常强劲精准。牙齿也由骨质组成，当出现脱落或损坏的情况时，便会长出新的牙齿（只有少数是例外）。

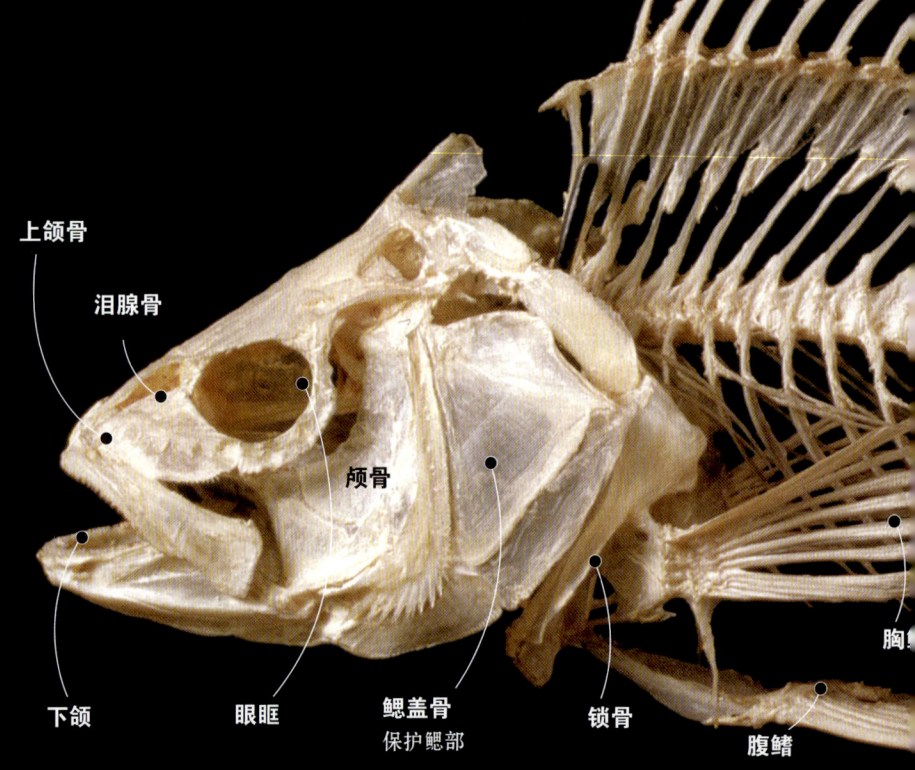

全骨鱼和总鳍鱼的颅骨呈现出与四足动物同源的结构，而真骨鱼（已知的大多数鱼类都可以归为真骨鱼）的情况非常复杂，很难进行比较。

鳍

鳍是运动器官，也是身体的稳定器。辐鳍鱼类胸鳍和腹鳍呈辐射状，多鳍鱼属（一种原始鱼类）除外。肉鳍鱼类如美洲肺鱼（*Lepidosiren paradoxa*）的鳍是叶状的，呈纤维态。硬骨鱼类的尾鳍是正尾型等形状，虽然外部是两侧对称的，但在内部解剖结构中可以明显地看出两侧是不对称的，这种结构是由歪尾型尾鳍演变而来的。鱼鳍有或无叶瓣，所有有叶瓣的鳍外部都是对称的。真骨鱼类的一大特性是长有一对腹鳍、一对胸翅或胸鳍（双鳍均对称，位于身体两侧）以及一个或多个背鳍或臀鳍。我们可以根据腹鳍、胸鳍的不同位置将硬骨鱼分为四种类型：腹鳍腹位——腹鳍位于胸鳍后方；腹鳍胸位——两种类型的鳍位于同一高度或稍有参差；腹鳍喉位——胸鳍位置相对前移；无腹鳍——没有生长腹鳍。

硬骨鱼类可以根据鳍中是否有肌肉

或者骨骼,分为肉鳍鱼类和辐鳍鱼类。肺鱼和空棘鱼(肉鳍亚纲)的鳍是不含骨骼的。硬骨鱼类中辐鳍亚纲的鱼类,它们的鳍由一种软骨质的鳍棘或是鳍条支撑,这个亚纲中有一些物种具有软鳍条,而另一些物种则是硬骨质结构,包括鲉科、狮子鱼(狮子鱼属)、蝎子鱼(鲉属)以及魟鱼,它们的腺体内含有致命的毒素。与软骨鱼类不同,硬骨鱼类鳍的多功能性让它们能以多种姿势自由移动,甚至可以倒退。胸鳍与颅骨之间是由颅骨上一个由多块骨骼构成的带状结构连接的。尾部末端有强壮有力的尾鳍,它在游动中起到了重要的身体导向作用。

早期的软骨

硬骨鱼类的骨骼起源于软骨,也就是说,是由软骨结构演变而来的。据推测,硬骨鱼类的始祖是盾皮鱼,其特征是身披由真皮衍变而成的骨甲。

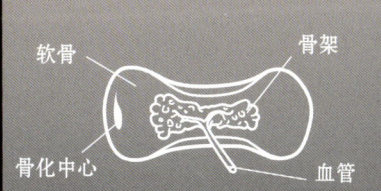

第一背鳍

第二背鳍

椎骨
- 神经棘
- 神经弓
- 椎体
- 血管弓
- 血管棘

脊柱 连接中心骨的上部和下部,分别掌管了主要的神经和血管

尾鳍椎骨

肋骨

臀鳍鳍条

鳍条 支撑臀鳍

尾鳍 是鱼类在水中的动力系统,起推进作用

牙齿

鱼类的牙齿多种多样,有笔直状、弯曲状、圆柱状、板状等形态。掠食性鱼类的牙齿很长,并指向后方。滤食鱼类的牙齿很小,但数量很多。当然,也有的鱼类没有长牙齿,例如海马。

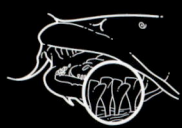

鲇科鱼 牙齿具有过滤器的功能,每平方厘米可以长有超过200颗的牙齿。

淡水白鲳 它们的牙齿是近似圆形的,适用于咀嚼坚硬的植物。

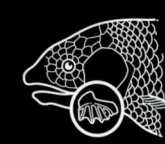

肺鱼 肺鱼的牙齿呈板状,可以用来咀嚼螺类。

深海鱼 相对于身形来说,牙齿的尺寸很突出。

繁衍

　　水体是整个繁衍过程中最重要的因素。在这方面我们不必担心，因为硬骨鱼类已经占据了所有的内陆及海洋水域。虽然大多数鱼是卵生且体外受精的，但是卵胎生和胎生情况也很常见，这两种生殖方式属于体内受精。鱼类的交配模式多种多样，有些妻妾成群，有些则是父母一同等待它们孵化出来的孩子。

环境因素

　　虽然硬骨鱼类个体成年的标志就是雌性具备了繁殖功能或雄性生殖腺能够随机释放配子，但由于配子并不持续排出，因此为了保证它们的顺利结合及胚胎的发育，周围的环境也必须适宜。其中最重要的因素就是光照时长或光照周期、温度以及盐浓度，这些条件值应保持在一个特定的范围内。在高纬度地区，冬季和夏季的变化是十分显著的，因此那里的鱼类会调整自己内部的生物钟以适应全年环境的变化。相反，生活在热带地区的鱼类享有充足的阳光和温暖的环境，季节性变化只表现在雨季，那时内陆和海水水域的盐浓度会发生变化，河水流量剧增，外部物质会流入水生生态系统。在不利的条件下，一些物种可以延缓释放配子直至情况改善，或者暂时不释放生殖配子。

繁殖策略

　　为了确保后代的繁衍，硬骨鱼的繁殖策略各不相同。通常，生存在海洋环境中的鱼类产卵数量极大，卵子很小且呈晶体状，并随着水流漂浮，任由天敌决定自己的生死。庞大的鱼群在一起游动，雌鱼和雄鱼并不需要提前配对，就在水中释放自己的配子。比如，一条雌性大西洋鳕（*Gadus morhua*）释放的卵子多达 600 万枚，但是最终存活下来的不会超过 6 个。相反，近海鱼生长的地方水流湍急，它们的卵子通常带有黏性物质，可以附着在岩石、海藻类植物或是其他基质上。同时，为了产出更多的卵黄，它们会减少排卵数量，通过筑巢或是埋藏的方式确保繁殖。许多淡水鱼为了更好地保存并照顾下一代，会筑一个非常复杂的巢穴，让后代在巢穴中更好、更充分地发育。如同近海鱼类，它们有非常复杂的求偶交配过程和性别二态性标记。这些鱼类通常拥有非常艳丽的鳍片，以及强烈的领地意识。它们的卵子不会漂浮很久，通常会黏附在各式各样的基质上。还有许多鱼类，它们会将卵子吞进肚子里，直到成为幼鱼并可以自己觅食为止，例如丽鱼科的鱼种。

产后
卵子在水中漂浮（近海鱼）或是沉入水底（近海鱼和淡水鱼）。

幼苗基地

鲤科鱼类通过与双壳类软体动物中的珠蚌属和尤齿蚌属共生来进行繁殖。黑龙江鳑鲏的雌性鱼拥有一个非常长的产卵管,可以将卵子投入到软体动物的呼吸孔中,与此同时,雄鱼释放精子。受精卵由双壳软体动物负责孵育直到孵化成功,之后幼鱼会黏附在双壳软体动物的鳃上,直到消耗完它们的卵黄储备。

共生还是寄生?

没有证据表明软体动物会从这种共生关系中获益,因为鱼的胚胎会与蚌类共享氧气,可能会对蚌类的鳃造成损伤。

雌雄同体

大多数的鱼类在它们整个生命的过程中都是单一性别的,但是也有一些鱼类可以改变性别或者在一段时间内拥有双重性别,这些鱼类大部分是海水鱼。例如,黑纹颊刺鱼(*Genicanthus melanospilos*),能够根据种群中的雌雄鱼比例,抑制或诱发个体或群体的变性现象。雌鱼和雄鱼各自的死亡率也可以引起性别的改变,这种变化会持续直至鱼群达到性别平衡为止。高翅鹦嘴鱼(*Scarus altipinnis*)的性别在发育过程中是可以改变的,它们的变化主要依据颜色来辨别,可以分为三期:幼年期(性休眠期)、初始期(通常是雌性)以及终期(这个阶段始终为雄性)。

初食

除了极罕见的情况外,大部分鱼苗的发育是依靠卵子中一种名为卵黄的物质。在孵化后的前几周,附着的胚胎会形成可以输送营养物质的卵黄囊,主要成分是糖、脂类、蛋白质以及幼鱼早期所需的营养成分。卵黄的量越大,新生鱼苗就越不依赖外界的食物供给。通常情况下,处在幼年期的小鱼以幼虫或是成年鱼食物中较小的营养物质为食。像盘丽鱼(*Symphysodon discus*)的小鱼苗们,它们以父母头部以及背鳍和尾鳍的根部产生的白色黏液为食。

父系繁殖

那些照顾幼鱼的鱼类必须控制受精卵数量,以便保证为幼鱼提供很好的照顾。它们通过筑巢(在基质上挖出凹陷的坑,编织草叶、气泡袋),利用自己身体(在头部、口腔、腹部、囊中)以及使用育儿袋(例如海马、尖嘴鱼)来照顾自己的后代。

口孵

这是许多物种都具有的特征。它们将受精卵吸入口腔内或者放入咽囊中孵化,直到幼鱼被孵出。

习性

一些物种以鱼群或是个体的方式在浅滩游移，也有一些物种非常重视对自己领地的保护。在它们之间存在着共生或寄生的关系，它们当中有些鱼甚至还会与其他物种维持寄生关系，如爬行类动物以及海洋哺乳类动物。有一些鱼类采取"形影不离模式"，跟随一个特定的鱼类一起活动，以便从中获利。它们当中有一些是技术娴熟的结构建造师，甚至还会借助工具的力量，而且它们各具特色，可以利用技能躲避捕食者们的侵袭。

日常活动

一些硬骨鱼类整日都在不停地游动，像金枪鱼（金枪鱼属）。而有些鱼类大部分时间潜伏在海底保持着静态，例如石头鱼（毒鲉属）和鲽形目中的比目鱼。有些鱼类在白天会非常活跃，比如蝴蝶鱼（蝴蝶鱼科）和鹦嘴鱼（鹦嘴鱼科）在白天进行活动，但像海鳝（海鳝亚科），它们的活动时间则是夜晚。

社交与组织机构

大量种类不同的硬骨鱼以协作的方式聚集在一起游动。通过这样的方式组成庞大的鱼群是它们各取所需的一种策略，但最主要的是这种方式可以帮助它们躲避捕食者的侵袭。当身处大型鱼群中时，个体被攻击的概率会大大降低。由小鱼们组成的巨大鱼群看上去就像是一个体形庞大的动物，令捕食者产生疑惑，望而却步。同样，鱼群一起行动会产生水动力，有助于鱼群里面鱼儿的游动。此外，这样也会提高个体生殖的成功率，食物的供给也有了保证。关于它们的社会组织也是多种多样的。在许多隆头鱼（隆头鱼科）品种中，社会团体是由一条固定的雄鱼配上多条雌鱼组成的。相反，大多数硬骨鱼类的捕食者，像石斑鱼（鮨科），在一年大部分的时间里，它们都是独居状态，只有在繁衍生殖的时候才聚集到一起。

领地行为

不同鱼类之间对待此事的态度各不相同，总体来看，鱼类对自身领地的捍卫力度与其身形大小是无关的。例如，雀鲷（雀鲷鱼科）是鱼类中相对较小的品种，但面对体形大得多的石斑鱼（鮨科）的进犯，它们就会变成最英勇的领地捍卫者，击退入侵者。

许多真骨鱼类在进行攻击行为、生殖繁衍行为、社交行为以及领土保护行为时，都会发出声音。一些鱼类，当它们感到自己的鱼鳔因为其他因素产生振动的时候，它们会做出"咬牙切齿"的动作并吱嘎作响。同时，它们会收紧肌肉组织。鱼类发出的声音大部分不会超过1万赫兹。

工具的使用

一些鱼类具有使用工具的本领，只是在技能发展上没有哺乳动物或是鸟类娴熟。比如，白眶锯雀鲷（*Stegastes leucorus*）会把它们的受精卵储藏在岩石壁的垂直面内。在此之前，它们会先清理岩石表面，然后用嘴叼来沙土喷撒在壁面上。饰纹布琼丽鱼（*Bujurquina vittata*）将它们的受精卵安放在柔软的叶片上。当危险来临前，它们会迅速地叼起叶子的一端，将它们的"宝贝"移至更深处。黄首海猪鱼（*Halichoeres garnoti*）、红喉盔鱼（*Coris aygula*）以及其他物种，会使用石头攻击甚至杀死它们的猎物（海胆）。

共生关系

一些物种可以给其他物种提供"清洁服务"。裂唇鱼（*Labroides dimidiatus*）以大型鱼类皮肤上的食物残渣和寄生虫为食。短䲟鱼（䲟科）黏附在海龟、鲨鱼和鲸鱼上面，以它们吃剩的食物以及寄生虫们为食。小丑鱼（雀鲷科）在海葵触角的保护下生活，这样可以减少被强大捕食者们袭击的可能。

鱼群

集体游动有很多的好处，可以很好地抵御敌人的袭击并保护自己的领地。

鱼群

鱼类可以组成庞大的鱼群，鱼群可以整齐地朝同一个方向移动。有些鱼群是同一种鱼类组成的，也有一些鱼群是由不同种类的鱼组成的。

队列

鱼儿们寻找个体特征相似的同类组成鱼群。这种同化现象不会让鱼群中的个体们显得突出，引人注意。

警告标志

在捕食者出现的时候，鱼群中的一个成员会突然转向，在水中产生压力波，以便让同伴们有所察觉。

转向

鱼群中成员们反的应和移动的速度很快，而且步调一致。这样可以迷惑侵袭者从而使大量成员得以逃脱。

科与种

鲟鱼及其他

| 门：脊索动物门 |
| 纲：辐鳍鱼纲 |
| 目：3 |
| 科：3 |
| 种：48 |

鲟鱼可分为3目：雀鳝目、鲟形目以及多鳍鱼目。雀鳝目包括蜥蜴鱼，它被认为是最原始的具有骨骼的鱼类。鲟形目中有鲟鱼和匙吻鲟，它们身体的大部分骨骼都是软骨。多鳍鱼目中最具代表性的是来自非洲河流及湖泊中身形较为细长的恐龙鱼。

Lepisosteus osseus
长吻雀鳝

体长：0.6~1.83米
体重：18~23千克
保护状况：未评估
分布范围：北美洲的加拿大至墨西哥海域

长吻雀鳝的身材修长优雅，身体背面为橄榄褐色，腹部为白色，全身及鳍片上布满深色斑点。具有性别二态性：相较于雄鱼，雌鱼体形更大，体态更圆润。它们的捕食行为总是在深夜进行，会一动不动地等待猎物，捕食对象包括甲壳类动物、软体动物以及鱼类。此类鱼大部分栖居在平静的河流或是水生植物丰富的池塘中。如果水中的溶氧量过低，它们会使用鱼鳔进行呼吸。雌鱼喜欢在水面上游动，这样便于它们排卵，每千克卵子数量可达到8000枚，在产出一周后孵化。初期，小鱼苗们会依附在水生植物上，以昆虫和微小的无脊椎动物为食。之后，随着食量的增加，它们也会进食鱼类，甚至包括自己的同类。一年之后，它们的身长可以长到30厘米。寿命在17~20年之间。

特性
长吻雀鳝有着非常大的眼睛，长长的吻部布满了锋利的牙齿。

护身
长吻雀鳝全身覆盖着不重叠的硬鳞。

身形
此科鱼类的特点是身形细长，体态优雅。

Atractosteus spatula
鳄雀鳝

体长：3~3.5米
体重：100~137千克
保护状况：未评估
分布范围：北美洲东南部

鳄雀鳝上颚处长有两排锋利的牙齿，主要以其他鱼类为食，也吃蟹类、虾类、龟类、鸟类以及小型哺乳动物。栖居在河流下游、河口地带以及小的湖泊中。

Lepisosteus oculatus
眼斑雀鳝

体长：50~76厘米
体重：1.8~2.7千克
保护状况：未评估
分布范围：北美洲东南部

眼斑雀鳝全身长有深色斑点，以鱼类和浅水中的甲壳类动物为食。成鱼几乎没有天敌。雌鱼可以和多条雄鱼繁衍后代，它们会在水生植物上产卵，产出的鱼卵大约有1.3万枚，有黏性，可以黏附在叶片上。气温对它们的行动影响很大，当春夏气温升高时，它们会在水中活动。

Erpetoichthys calabaricus
芦鳗

体长：33~37 厘米
体重：22~27 克
保护状况：濒危
分布范围：非洲西部的尼日利亚至刚果

芦鳗的身形像绳索一样又长又窄，像蛇一样游动，身体呈棕色，头部长有两个较小的鳍。芦鳗虽居于淡水水域，但也适应沿海咸水水域。它们喜欢栖息在温度22~28摄氏度之间、水流缓慢的淡水水域。它们可以通过双肺呼吸空气，因此能够在含氧量低的环境下生存，甚至可以短时间内离开水域生存。它们喜欢独居，并栖息在灯芯草或是芦苇丛中，通常在晚间觅食。以捕食甲壳动物幼虫与昆虫为生，嗅觉非常灵敏。它们常常徘徊在水面附近，一旦遇到敌人攻击，就可以跳出水面逃生。由于农业的发展和城市的扩张，芦鳗逐渐丧失了非洲沿海森林及内陆地区的栖息地，濒临灭绝。

Huso huso
欧洲鳇

体长：3~6 米
体重：800~2700 千克
保护状况：极危
分布范围：东欧和西亚

欧洲鳇体色为浅灰色，头部和腹部为白色。它有一个呈三角状且上翘的小巧吻突，这是它相对于其身材的较突出特征。一张大口位于吻的下方，口前长有四条触须。欧洲鳇是一个凶猛的捕食者，以其他鱼类为食。它的生长速度十分缓慢，最大的活体标本存活了150年，体长6米。生殖周期每3~4年循环一次。它是全世界淡水鱼中体形最大的鱼类之一，每年春季、秋季开始从海洋到河流的溯河产卵洄游。10~18岁可达性成熟。由于过度捕捞（由其鱼卵做成的鱼子酱价值连城），此种鱼类的数量已经急剧减少，现多国政府已经联手对此采取限制措施。

外观
轮廓为半月形，背部有一条浅色带条贯穿全身

名称和颜色
"白鲸"这个词是由俄语衍生过来的，意为白色。

Lepisosteus platyrhincus
佛罗里达雀鳝

体长：0.49~1.3 米
体重：73~96 千克
保护状况：未评估
分布范围：北美洲东南部

佛罗里达雀鳝的吻突与其同类相比，显得短小精悍，全身布满了黑色不规则斑点，身体、头部甚至鱼鳍都近似圆形。栖息在沙质底的池塘、湖泊、平缓的河川以及浅水水域，喜近水生植物。成年鱼以鱼类、虾类、蟹类为食，而幼鱼以浮游生物为食。繁衍后代时会聚集在一起。

Huso dauricus
达氏鳇

体长：3.5~5.6 米
体重：250~1000 千克
保护状况：极危
分布范围：东亚

达氏鳇体色为绿色或深黄色，腹面为灰白色。头部略呈三角形，眼小。达氏鳇是现存的鲟鱼之中体积较大的品种之一。它们的习性和外观与欧洲鳇（*Huso huso*）相似。生活在中国和俄罗斯的江河流域，但每年会在日本海沿岸度过一段时间。洄游方式有两种，一种向江河（淡水），另一种向河口。

保护状况
由于肥料和采矿废渣的排放以及过度捕捞（主要是为了出售其肉类及制作鱼子酱），它们赖以生存的江河环境遭到污染，濒临灭绝。

Acipenser gueldenstaedtii
金龙王鲟

体长：2.2~2.4 米
体重：65~115 千克
保护状况：极危
分布范围：东欧和西亚

金龙王鲟比起其他鲟类，它们的吻短而钝。触须（胡子）位于吻端与口之间，更近吻端。体色为蓝色和黑色，头部颜色较浅，腹部为淡黄色。寿命可达48岁，但如今由于过度捕捞，它们的平均寿命只有38岁。以底栖软体动物、甲壳类动物的幼虫以及小型鱼类为食。每年洄游两次，从海洋到河流。

Acipenser transmontanus
高首鲟

体长：4~6.1米
体重：600~816千克
保护状况：无危
分布范围：北美洲西北部

高首鲟背部颜色由灰色趋于蓝黑色，体侧为浅灰色，腹部呈白色。它们的吻突扁平钝圆，且上翘，是南美洲淡水鱼类中最大的品种，身形仅次于欧洲鳇和鲟蝗鱼。敏锐的嗅觉可帮助它们捕食猎物，以七鳃鳗及其他鱼类、甲壳类动物和软体动物为食。最长寿命可达106岁。它们在河中产卵，其余时间均生活在远海或是咸水水域。雌鱼性成熟年龄为11~34岁，每4~11年繁殖一次。虽然它们性成熟期比较晚，但每次的产卵量是非常多的，不过因修建水坝以及沙石开采而造成的河道堵塞使得它们的繁殖也受到了阻碍。

食物
在吸食食物前，它们会先用触须寻觅食物。

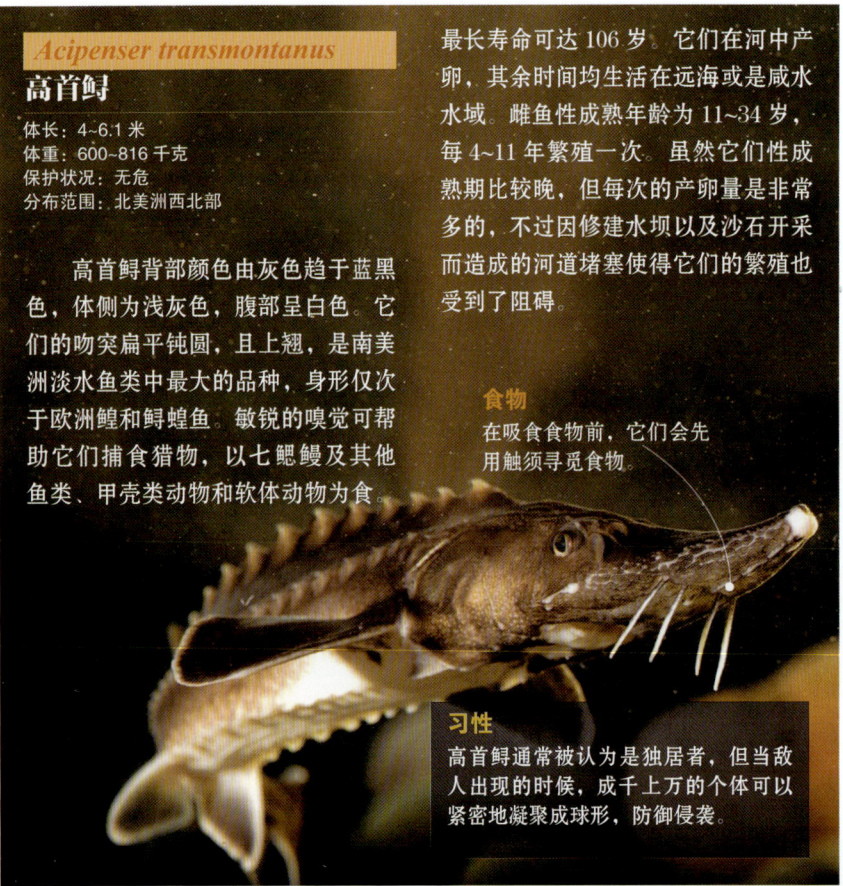

习性
高首鲟通常被认为是独居者，但当敌人出现的时候，成千上万的个体可以紧密地凝聚成球形，防御侵袭。

Acipenser brevirostrum
短吻鲟

体长：0.97~1.4米
体重：18~23千克
保护状况：易危
分布范围：北美洲东北部

短吻鲟是在北美洲东部栖居的三种鲟鱼中体形最小的。体色呈灰色，侧面有一条白线。吻很短，且上翘，主要以软体动物和甲壳类动物为食，鲨鱼是它们的天敌。雌鱼的寿命可达70岁，但是雄鱼几乎很少活过30岁。它们的性成熟时期受水温影响，水温越低成熟期越晚。

Acipenser ruthenus
小体鲟

体长：1~1.2米
体重：11~16千克
保护状况：易危
分布范围：东欧和亚洲的西北部（俄罗斯）

小体鲟身体大部分为灰色，侧腹为白色，尾鳍颜色由浅灰趋向于黑色，背部长有像城垛一样的骨板。栖息于深水河流的底部，利用海岸边强大的水流摄取食物，以底栖昆虫的幼虫以及土壤中蠕动的软体动物为食。基本上是定居的，繁衍时不会远距离（200~300千米）洄游。

Acipenser sturio
欧洲鲟

体长：4~5米
体重：330~400千克
保护状况：极危
分布范围：欧洲和中东

欧洲鲟体色由灰褐色变化至蓝黑色，腹部呈白色。吻突长且尖，下唇中部分裂。以软体动物、蠕虫、甲壳类动物以及小型鱼类为食。一生中大部分时间栖居在海洋中，只有在生殖繁衍后代的时候才会洄游至河流一段时间，在此期间不进食。雌鱼产卵量在20万~600万之间，产出的卵具有黏性，可以黏附在水下砾石底部，那里水质的含氧量较高。新生鱼苗在出生10天内是不进食外来食物的。自19世纪以来，由于鱼子酱的消费而引起的过度捕捞以及堤坝的建设活动，对它们的生命已经造成了威胁。而且它们自身非常缓慢的生长速度，也使其生存状况非常危险。

身体
无鳞片，具骨板。

嘴
呈铲形，端部有4条触须并排排列。

生殖
经过一年的成长，幼鱼移居至河口，然后奔向大海，在那里用10~18年的时间成长，直至性成熟。

Acipenser fulvescens
湖鲟
体长：2.8~3.1 米
体重：160~190 千克
保护状况：无危
分布范围：北美洲北部

湖鲟体色由橄榄褐色渐趋向石板灰色。腹部为白色，侧腹有清晰的条纹。湖鲟吻的边缘通常为白色。一般栖息在水深 5~9 米的淤泥、沙砾基质的湖底或河底。以昆虫幼体、蠕虫（包括水蛭）、小型鱼类以及底部的生物体为食。它们对食物的吸食是具有部分选择性的，因为它们会有多次重复把食物喷出并卷回的行为。由于移动缓慢，因此长期停留在底部。性成熟年龄为 20 岁（雄性）或 26 岁（雌性）。偶尔生活在入海口的咸水水域，但是不会进入海洋。它是唯一一种在北美的大型湖泊中常见的鲟鱼种类。

形态
湖鲟的吻很宽，呈弯曲的铲形，这样便于它在水底翻找食物。

适应
触须或胡须是湖鲟的感觉器官，用于探寻食物，具有许多味蕾，并通过它们将食物送入口中。

Psephurus gladius
白鲟
体长：3 米
体重：300 千克
保护状况：极危
分布范围：中国

白鲟由于吻类似长鼻子，故也被称为象鱼。全身光滑且呈灰色，腹部为白色。鱼吻笔直，占据了总身长的 1/3。它们会在海洋中生活一段时间，之后溯江回到长江（中国）产卵。有时它们也会在大型的湖泊里活动。以小鱼、蟹类以及虾类为食。需要 8 年时间达到性成熟，并且身长要达到 2 米，体重 25 千克。

保护状况
过度捕捞使白鲟濒临灭绝。堤坝的建设切断了它们洄游的道路，并且由于需要很长时间才可达到性成熟期，这就使得它们的处境更加艰难，很难恢复。

Acipenser stellatus
闪光鲟
体长：1.8~2.2 米
体重：60~70 千克
保护状况：极危
分布范围：东欧和西亚

闪光鲟的头与吻占据了总身长的 1/4，吻很长，呈扁平状，且尖端上翘。触须位于嘴附近，其表面很光滑。体色为黑蓝色，背棘与侧面呈白色，它的名字源于身上的斑形。既可以在海中产卵，也可以在河流中产卵，具有两种洄游方式，可以从淡水到咸水，也可以从咸水到淡水。

Amia calva
弓鳍鱼
体长：0.9~1 米
体重：5~6 千克
保护状况：无危
分布范围：北美洲东部

弓鳍鱼被认为是中生代时期淡水鱼类的活化石。身形很宽，一张大口内布满了锋利的牙齿，头部无鳞片。身体为浅绿色或金黄色，有深色斑点。这些斑纹覆盖在身体两侧，尾鳍根部有被橘黄色轮线围起的黑斑。在交配时鱼鳍会变为绿色。栖居在湖中或是池塘里，以节肢动物和小型脊椎动物为食，比如昆虫和鱼类。它们用牙齿筑起一个圆形的泥巢，让雌鱼将卵产在里面。雄鱼们夜以继日地保卫着自己的孩子们不受侵袭，8 天后，小鱼苗们就会在巢穴附近聚集成团，并一起度过 9 天的时光。

生存
弓鳍鱼在离开水环境之后的 24 小时内是可以继续存活的，此时它们用嘴呼吸，有大量血管的鳔可以像肺一样做气体交换。

巨骨舌鱼及其亲缘鱼类

门：	脊索动物门
纲：	辐鳍鱼纲
目：	骨舌鱼目
科：	6
种：	217

这类鱼的成员们都是热带淡水鱼。它们的头很大，并被骨板覆盖。背鳍和臀鳍位于身体后部，尾鳍显得小巧圆润。此类鱼大部分的鱼鳔和内耳不相连，它们以鱼类为食，利用舌头上的突起咬住食物。

Osteoglossum bicirrhosum
双须骨舌鱼

体长：55~62厘米
体重：0.6~2千克
保护状况：无危
分布范围：巴西及其邻国

双须骨舌鱼的身体和头部两侧像是被压扁了一样，且口角向上倾斜。鱼体被鳞片覆盖；体色从褐色至淡黄色不等，可反射七色彩虹之光。头部为棕色，下巴上长有两条短触须，径直向前，具有触觉功能，当发现危险情况时，也可以从水中摄取氧气。它们的繁殖期大约是在10月至次年2月之间，受精方式为体外受精，雌鱼可产100~350枚卵。一旦成功受精，雄鱼就会把受精卵放入口中加以保护，受精卵也由此获得成长发育所需要的环境。因为刚出生的小鱼苗不能游泳，所以仍被雄鱼保护在口中，直到它们的身长长到接近5厘米时，雄鱼才会逐步放幼鱼出去，在自己的保护范围内游玩，让它们捕食一些蚊虫的幼虫以及其他小的生物体。但当它们遇到危险时，雄鱼们会把幼鱼召集回来，并保护在口腔内。据推测，双须骨舌鱼对孩子们这种无微不至的照顾会持续到它们长大成熟，双须骨舌鱼的这种行为也是由雌鱼的产卵量较少造成的，通过这样的方式它们可以更好地保护下一代平安成长。它们栖居在平静的水生环境之中，深度较浅，可在水面处游动。

贸易

在经济上占有一定的比重，可通过人工捕捞的形式获取，尤其是当河流涨潮的时候是捕捞旺季。它们偏爱栖居在被水灌溉的丛林地区。

鳍
臀鳍、尾鳍和背鳍像是连成了一条线

嘴
口角向上倾斜，口形巨大

Arapaima gigas
巨骨舌鱼

体长：3米
体重：200千克
保护状况：数据不足
分布范围：南美洲亚马孙流域

巨骨舌鱼是亚马孙淡水流域中体形最大的有鳞鱼类之一，栖居在湖泊、池塘以及其他水流缓慢的浅水流域。在这些浅水河滩上长有大量浮动的水生植物，可以把整个水面覆盖。它们的身体呈椭圆形，相对于整个身体，头部偏小，通体被大而厚的摆线式鳞片覆盖。胸鳍与腹鳍是分离的，而背鳍和臀鳍的位置与尾鳍接近。全身的主色调为浅棕色，头部和背部为黑褐色，身体后半部的腹鳞及周边为暗红色；腹鳍上长有黑黄色的不规则波浪状的斑纹；背鳍、臀鳍和尾鳍也长有浅色的斑点。它们是肉食性动物，主要以小型鱼类为食。

Scleropages formosus
过背金龙鱼

体长：70~90厘米
体重：12~20千克
保护状况：濒危
分布范围：东南亚

大鳞片 横向长有5排鳞片，每排约有21~25个。

过背金龙鱼栖居在平静的小湖中。偏爱阴暗的地方，喜欢在水面附近游动，并寻找浮动的水生植物作为保护伞。体侧面扁平。嘴很大，下嘴唇下有两根小小的触须和鳞片。体色根据它们的生存环境而定，可以是银绿色、黄铜色以及其他金属色。它们以多种无脊椎动物为食。可在浅水水底捕食猎物，还可以跳出水面，捕食岸边或者植物枝叶上停留的昆虫。它们可以跳出水面1米多高。几乎无性别二态性，雄鱼身形稍稍偏瘦，嘴较大，用于孵卵，孵卵时间为5~6个星期。由于特殊的外形，它们成了水族馆中非常受欢迎的一种鱼。

Scleropages jardinii
乔氏硬骨舌鱼

体长：0.45~0.9米
体重：无数据
保护状况：未评估
分布范围：亚洲和大洋洲

乔氏硬骨舌鱼体色介于银色与金黄色两种色调之间。一些鳞片上可见淡红色或橙色半月形斑纹，尾鳍、背鳍和臀鳍颜色较深。栖居在温暖安静的淡水中，也可生活在靠近岸边且具有丰富水生植物的沼泽中。它们在水面附近觅食，捕食一些小型鱼类、各种各样的昆虫、甲壳类动物以及青蛙。

Campylomoryrus curvirostris
弧吻弯颌象鼻鱼

体长：0.45米
体重：无数据
保护状况：无危
分布范围：非洲中部

弧吻弯颌象鼻鱼的下唇向下延伸，形状似鸟类的喙，向外突出，向下的弯曲度非常明显，便于用来搜寻隐藏在河底的食物——无脊椎动物，这几乎成了它们的专属。栖居在非洲温暖的河流中。由于河面上悬浮着大量的物质，因此河水非常浑浊。这样的环境使得它们的感官神经进化得非常灵敏，通过触觉终端以及吻末端细小开口中的味觉神经来探索周围环境。相反，它们的视觉就没有那么发达了。体色大致为棕褐色，主色为铅灰色。身体侧面可见一条横向乳白色的侧线，将身体分为两个部分，上半部分为棕色和浅灰色，底部颜色更深一点。背鳍和臀鳍位置偏后。

Pantodon buchholzi
齿蝶鱼

体长：12厘米
体重：40~150克
保护状况：无危
分布范围：非洲中部和西部

齿蝶鱼身体上半部扁平，下半部两侧在腹部交汇，呈尖利状，像一艘小艇。一张大嘴位于鱼身上部，臀鳍很大。腹部挂着四根奇特且细长的丝状鳍棘。栖居在温暖的淡水中，在所生活的同一条河流中的不同区域洄游。可以跳出水面捕捉昆虫。

Mormyrus kannume
卡氏长颌鱼

体长：0.6米
体重：0.5~2千克
保护状况：无危
分布范围：非洲，主要在维多利亚湖及周边

卡氏长颌鱼吻细长，微微向下倾斜。体色主要为棕色，脸部发白，底部有一条狭长的乳白色带状物。背鳍向后延长直至接近尾部。虽然它们身长大约为70厘米，但还是可以潜入深水中。由于河流的能见度欠佳，因此它们使用复杂的机制觅食，就是利用一个位于尾柄部的特殊器官发出微弱电流，在身边近距离内形成一个带电区域，一旦有猎物进入其中，就可以通过尾鳍底部与颅神经相连的接收器感知电流的震动，察觉猎物的行踪。

鳗鲡鱼

门:	脊索动物门
纲:	辐鳍鱼纲
目:	鳗鲡目
科:	15
种:	738

此类包括鳗鲡、海鳝及康吉鳗。大部分鱼种都是海洋鱼类，仅有几种栖居于淡水。它们的身形纤细，像蛇一样，有超过500节椎骨。通常不长鳞片，但有些有筋条状物质。牙齿整齐地排列在口中，无腹鳍。

Enchelycore ramosa
蜂巢泽鳝

体长：1.5米
体重：10~15千克
保护状况：未评估
分布范围：太平洋南部

蜂巢泽鳝的嘴很长并且向下弯曲，牙齿像针一样，即使嘴巴闭起来，也能看到牙齿。体色从灰白色至绿色或黄色不等，并配有黑色或深棕色网格图案，也因此外形而得名蜂巢泽鳝。它们栖居在亚热带至温带的广阔水域中，从复活节岛至澳洲的珊瑚礁和岩礁环境中都有分布。适宜水温在21~27摄氏度。它们把底部的空腔当作自己藏身的洞穴。行动缓慢，以滑行的方式穿过岩石的裂缝或空隙来捕捉食物，主要以鱼类和甲壳类动物为食。它们会悄悄地靠近猎物，然后突然现身用颌抓住食物，并快速地将猎物吞下。蜂巢泽鳝的这种行为优势要归因于体色与环境能够融为一体。

性别二态性
雌鱼和雄鱼在体色上无差异，但雄鱼的体形比雌鱼大很多。

气体交换
蜂巢泽鳝10%的呼吸可以通过皮肤来完成。

Enchelycore pardalis
豹纹泽鳝

体长：92厘米
体重：5.5~7千克
保护状况：未评估
分布范围：印度洋和太平洋西部

豹纹泽鳝的头部与颌部狭长，这种外观是为适应在狭窄岩缝中的捕食活动而形成的。向内弯曲的锋利牙齿使得它们可以更高效地抓住猎物。体表为橙色，且分布着黑色斑点。眼睛处有两个橙色的突起（鼻孔）。它们有着高度发达的伪装技术，甚至连口腔内部都有着相同的颜色。

Gymnothorax castaneus
栗色裸胸鳝

体长：1.5米
体重：10~13千克
保护状况：无危
分布范围：太平洋中东部

栗色裸胸鳝体色从浅绿色至棕色不等，通常身体上无斑点。背鳍和臀鳍非常发达。上颌边缘长有一排牙齿，其中3颗长在前端。主要栖居于温带至热带的珊瑚礁附近、岩石底层及1~35米深的绝壁底部，小鱼们喜欢在红树林的沼泽中活动。它们的卵和幼鱼在远洋浮游。一般在晚间捕食，以鱼类、蟹类、虾类以及章鱼为食。

牙齿
栗色裸胸鳝的牙齿很长，尖如犬齿。

Muraena helena
地中海海鳝

体长：1.5 米
体重：10~15 千克
保护状况：未评估
分布范围：欧洲及塞内加尔沿岸的大西洋和地中海海域

地中海海鳝体色为均匀的灰褐色，有些鱼稍偏蓝色，吻呈黑褐色，头部上半部分是棕赭色。身体每侧有 5~6 条从头至尾的清晰条纹。下颌处长有一排锋利的牙齿。它们没有胸鳍，鳃上有小孔。以甲壳类动物、软体动物以及大型鱼类为食。它们的嗅觉非常灵敏，但视力不发达。虽然不属于攻击性鱼类，但如果人类被它们咬伤，可能会因为其分泌的毒素而引起感染。它们白天通常藏身于岩石和珊瑚中的洞穴或裂缝里。

Scuticaria tigrina
虎斑鞭尾鳝

体长：1.4 米
体重：6~7 千克
保护状况：未评估
分布范围：印度洋和西太平洋

虎斑鞭尾鳝的身体非常细长，呈半硬性圆柱形，头部和吻部较短。背鳍和臀鳍几乎不可见。嘴很大，两排锋利的锥形牙齿长在颌骨上，眼小，尾钝，且被皮肤包裹着。体色基本为浅黄灰色，均匀地布满了棕色斑点，头部的斑点更是五颜六色。栖居于多石底部以及 5~25 米深的珊瑚礁岩石底部，以鱼类为食，是夜行性动物。

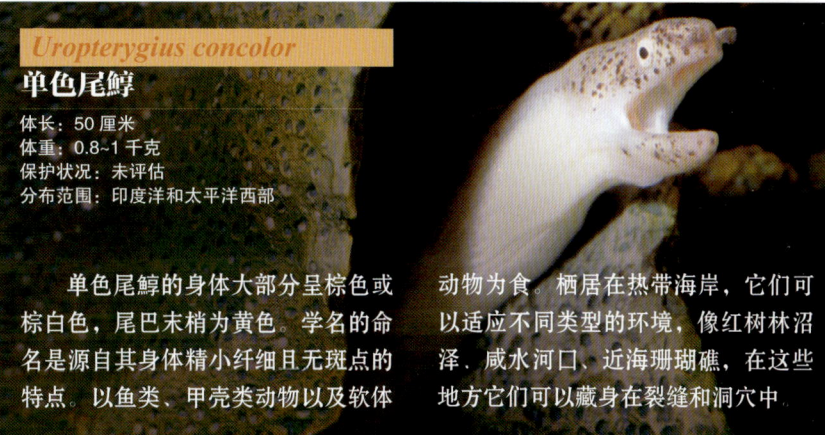

牙齿
虎斑鞭尾鳝的口中上颌处的一排牙齿，共 5 颗

Uropterygius concolor
单色尾鳝

体长：50 厘米
体重：0.8~1 千克
保护状况：未评估
分布范围：印度洋和太平洋西部

单色尾鳝的身体大部分呈棕色或棕白色，尾巴末梢为黄色。学名的命名是源自其身体矮小纤细且无斑点的特点。以鱼类、甲壳类动物以及软体动物为食。栖居在热带海岸，它们可以适应不同类型的环境，像红树林沼泽、咸水河口、近海珊瑚礁，在这些地方它们可以藏身在裂缝和洞穴中。

Gymnothorax isingteena
魔斑裸胸鳝

体长：1.8 米
体重：30~40 千克
保护状况：未评估
分布范围：印度洋和太平洋西部

魔斑裸胸鳝体色为白色或沙色，全身被圆形斑点覆盖，头部斑点较小。腹部发白，鼻孔构造简单，无鼻腔。栖居于热带及亚热带水域的岩岸及珊瑚礁附近。

Muraena lentiginosa
雀斑海鳝

体长：61 厘米
体重：0.9~1.2 千克
保护状况：无危
分布范围：太平洋中东部

雀斑海鳝是海鳝类中较小的品种之一。全身底色一般为赭黄色，全身布有圆形斑点，但也有不长斑点的情况出现。栖居在 5~25 米深的珊瑚礁周边水域，以鱼类和甲壳类动物为食。

Muraena argus
光海鳝

体长：1.1 米
体重：5~7 千克
保护状况：无危
分布范围：太平洋中东部

光海鳝的背鳍和臀鳍虽然被皮肤覆盖，但由于根部呈白色，因此非常显眼。长有管状的鼻孔，牙齿非常锋利，高度发达。体色从棕色至蓝色不等，长有白色斑点。栖居于珊瑚礁水域，最深可至 60 米。

Rhinomuraena quaesita
五彩鳗

体长：1~1.3米
体重：1~2.5千克
保护状况：无危
分布范围：印度洋、太平洋波利尼西亚以及大西洋中部

五彩鳗的身体非常细长，移动起来像一根丝带。成鱼体色为宝蓝色，幼鱼和亚成鱼的体色呈深黑色。在它们所有的成长阶段中，背鳍、头部和颌部都呈黄色。它们有一双大大的眼睛，被金黄色的光圈包围着，可以通过其呈叶片状突起的鼻子以及大大的阔形前置鼻孔将它们与其他相似物种进行区分。栖息于珊瑚礁区的小砂沟和岸边，它们不仅可以在珊瑚底层的空洞中藏身，也可在沙地或泥泞中藏身。为了捕捉到鱼类或虾类食物，它们会把自己埋入土中然后慢慢地接近猎物，可在瞬间吞噬比它们自身大得多的猎物，然后立刻退回巢穴中。它们不咀嚼食物，而是将食物整个吞咽进去，所以可以看到它们的腹部被撑得很大。雄性同挤一穴。此种鱼类可见雌雄同体。

习性
它们呼吸时会把嘴尽量张开，看上去非常具有攻击性。

管状鼻
它们主要依靠嗅觉或震动来探测猎物，其鼻子的结构适于这种捕食方式。

Anguilla rostrata
美洲鳗鲡

体长：1~1.5米
体重：4~7千克
保护状况：未评估
分布范围：大西洋西岸

美洲鳗鲡体形细长，像陆地上的蛇类一样。长有2个小小的胸鳍，每侧有1个鳃孔。身上长有细小的鳞片，头部较细小。体色根据年龄不同而不同，刚出生时是透明的（在这个阶段，它们看着很像玻璃鳗），之后会变成半透明的橄榄色，并以这种体色生活数年，直至变成棕色的成鱼。它们的性别由海水的盐度决定，那些在咸水河口水域生活的为雄鱼，而在淡水上游生活的是雌鱼。它们是底栖鱼类，根据不同的成长阶段，在淡水、咸水或海洋的底部栖居。每天，它们都会把自己半埋在泥沙里，只露出头部，或是藏身于水生植物中，偏爱夜间出动。幼鱼以浮游生物为食，成鱼则以微小的无脊椎动物和鱼类为食。

美洲鳗鲡在死亡之前会产一次卵，且一生只产一次卵，在7~13岁之间，它们会从河流以及入海口洄游至马尾藻海产卵（降河洄游性）。在那里，它们会遇到欧洲鳗鲡（*Anguilla anguilla*）。幼鱼被称为柳叶鳗，随着海流漂泊，直至接近北美海岸，经过一年时间的漂洋过海，变身为玻璃鳗。

毒液
它们的血液如果进入其他动物身体里并与其血液相接触，便会产生毒素，导致感觉系统被麻痹、抽筋甚至窒息。

适应性
它们的皮肤中长有丰富的血管，可以通过皮肤进行呼吸。

银腹
在生殖产卵前腹部为银色。

Anguilla anguilla
欧洲鳗鲡
体长：1~1.3米
体重：5~6.6千克
保护状况：极危
分布范围：欧洲和北非沿岸海域

欧洲鳗鲡的成鱼为棕色，生殖期腹部呈银色。一生只进行一次生殖繁衍，产卵地点在马尾藻海。为了繁衍后代，它们要游过5000千米的路程，初生的柳叶鳗也需要跨越同样的距离回到欧洲海岸，历时长达5年之久。在此期间，它们也渐渐地长成了玻璃鳗（青年时期为透明的体色）。在洄游期间，成鱼的消化系统要经受巨大的变化——不能进食。它们产卵的地方大约在700米深的海中。一旦完成生殖过程，成鱼便会死去。它们的后代，成年后会进入内河流域或是在河口水域中继续成长，直至彻底成熟。

保护状况
它们习惯生活在河口或河流流域，过度捕捞导致它们面临濒危的境况。此外，由外来物种带来的寄生虫也是导致其濒危的原因。

大小 成年雌鱼的体形较雄鱼小。

Ophichthus triserialis
尖尾蛇鳗
体长：1~1.15米
体重：2千克
保护状况：无危
分布范围：美洲沿岸的太平洋东部海域

尖尾蛇鳗身体底色为棕白色，长有棕色环状物，其中还穿插着棕色斑点。栖息于海底泥沙之中，在平均深度为20米的浅海水域活动或是退潮时在岩石区域中活动。它们以鱼类和无脊椎动物为食。

Ophichthus altipennis
高鳍蛇鳗
体长：0.9~1米
体重：1~1.3千克
保护状况：无危
分布范围：太平洋

高鳍蛇鳗的身形细长，呈圆柱形，尾端坚硬，无尾鳍，但胸鳍非常发达。它们的眼睛很大，前鼻孔位于吻突的下方，呈管状。体色主要为黄白色，尾鳍为黑色，头部呈棕黄色。栖息于泥沙底部的洞穴中，它们伏击猎物时只露出头部。

Conger conger
欧洲康吉鳗
体长：2~3米
体重：40~66千克
保护状况：未评估
分布范围：欧洲和北非沿岸海域

欧洲康吉鳗身形健壮，身体较重，体色为蓝灰色，头部较宽，呈扁平状，吻为锥形。鳃孔呈裂缝状一直延伸到腹部。全身无鳞，胸鳍和腹鳍较小。前鼻孔呈管状并被皮肤覆盖。它们在岸边的海底游动，成鱼活动的水域往往更深。它们藏身于岩石裂缝中等待猎物，只把它们大大的颌部和触须暴露在外。成熟期在5~15岁，成熟后它们会迁移到大西洋葡萄牙海岸或是进入地中海进行产卵，然后在那里结束生命。小鱼苗们可以在公海里生活2年，直到它们身体长到15厘米左右，才会逐步向海岸迁移。

体色 根据栖息深度的不同而变化。

鲱鱼及其亲缘鱼类

门：	脊索动物门
纲：	辐鳍鱼纲
目：	鲱形目
科：	5
种：	364

鲱鱼具有巨大的商业价值，大部分栖息于开阔的海域，仅75种生活在淡水，在两极和深海中是看不到它们的身影的。属杂食性鱼类，是鸟类、哺乳动物以及其他鱼类的猎物。它们可以组成庞大的鱼群，跨越千山万水寻找食物，有时这种长距离洄游也是为了在海岸附近产卵。

Sardina pilchardus
沙丁鱼
体长：20厘米
体重：100克
保护状况：未评估
分布范围：大西洋东北部、北海、地中海和亚得里亚海海域西部

沙丁鱼身体呈圆柱形，腹部圆润（幼鱼偏小），脊背呈蓝绿色，两侧和腹部为银白色。鳞片呈圆形落叶状。属于群居鱼类，每天纵向迁移25~100米。夜晚，它们会浮游至10米左右的深度觅食，主要以浮游甲壳类动物为食。它们在海中或海岸附近产卵。不论是幼鱼还是成鱼，都是北方蓝鳍金枪鱼（*Thunnus thynnus*）和欧洲无须鳕（*Merluccius merluccius*）的食物。

Chirocentrus dorab
宝刀鱼
体长：36.6厘米
体重：800克
保护状况：未评估
分布范围：印度洋和太平洋

宝刀鱼是现存最大的鲱科鱼类。栖居在大陆架珊瑚礁地区，比如咸水水域、河口流域或潟湖。它们是贪婪的捕食群体，尤其是对小型鱼类，也以中等甲壳类动物为食。身体细长，被小小的鳞片覆盖着，只有一个背鳍和一个臀鳍，位于身体的中后部。因为下颌大于上颌，所以口呈向上弯曲状。两颚长有大牙。最长寿命可达25岁。

Alosa pseudoharengus
灰西鲱
体长：30厘米
体重：200克
保护状况：未评估
分布范围：北美洲大西洋海岸

灰西鲱的两侧稍扁，颌部前方长有微小的牙齿，但随着年龄的增长会逐渐消失。鳃耙很小，成年后会有所增长。栖息在沿岸海域或淡水水域。在大陆架水域度过秋季和冬季。成鱼洄游至河中产卵。

共生关系
虾虎鱼（虾虎鱼科）中的一些鱼类，栖居在它们的鳃盖骨下，以鳃部排出的微小颗粒为食。

Dorosoma cepedianum
美洲真鲦
体长：35厘米
体重：1.9千克
保护状况：未评估
分布范围：大西洋西北部

美洲真鲦学名意为"枪体"，意指它的体形。栖居在平缓而开阔的水域表层，秋冬季会置身于被淹没的植被、泥沙和碎石底部。偏爱暖温带少植被的咸水水域。温暖季节在淡水中产卵，鱼卵表面具有黏性。美洲真鲦是杂食性动物，通过用它们细长的鳃耙过滤细小颗粒的方式摄食。

Engraulis mordax
美洲鳀

体长：15 厘米
体重：68 克
保护状况：无危
分布范围：太平洋西北部

美洲鳀的吻很尖，幼鱼身体两侧长有银色侧线，随着年龄的增长，侧线会逐渐消失。栖息于沿岸水域，不过也可以在距离陆地 480 千米左右的海域见到它们的身影，以紧凑的鱼群形式活动于海口水域。它们以海洋节肢动物为食，通过对海水的过滤或是以啄食的方式摄食。属于卵生鱼类，成鱼会把大量的卵产在浅海层。

Sardinops sagax
远东拟沙丁鱼

体长：20 厘米
体重：480 克
保护状况：未评估
分布范围：印度洋和太平洋

过滤
鳃的内部长有细长的鳃耙，起到了筛滤作用，便于在游动时捕捉滤食水中的小型生物。

远东拟沙丁鱼的脊背呈蓝绿色，有白色线条。身体可见 1~3 行的黑斑。腹部有朝向下的条状鳍条，这是它们与其他鲱科鱼类的不同之处。鱼群数量庞大，最大的鱼群可由数以千万计的个体组成。它们是洄游性鱼类，夏天在北部的加利福尼亚至英属哥伦比亚之间的海域度过，秋冬季则在南美洲的海岸度过。以浮游生物和植物为食。体外受精，它们的受精卵体积很大，并带有支撑它们漂浮的油滴球状物质。最长寿命可达 25 岁。

群体协作
正如所有的家族成员一样，它们的鱼鳔一直延伸至内耳，这样不仅提高了它们的听觉，还可以帮助它们发挥在鱼群中的协作能力。

Engraulis ringens
秘鲁鳀

体长：14 厘米
体重：68 克
保护状况：无危
分布范围：太平洋东南部

秘鲁鳀的身体薄而纤细，呈圆柱形，体色为蓝绿色。在距海岸 80 千米左右的海域中活动，在海水表层以庞大鱼群的形式出现。通过过滤的方式摄食，以秘鲁水域中丰富的浮游植物为食。一些研究表明，它们摄食的食物中，98% 都是硅藻类植物。智利和秘鲁海岸边的海鸟和鸬鹚是它们最大的捕食者。

Sprattus sprattus
黍鲱

体长：12 厘米
体重：70 克
保护状况：未评估
分布范围：大西洋东北部

黍鲱的背部为浅蓝灰色，两侧为银色，无深色斑点。群居性鱼类，冬季会移栖觅食，夏季洄游产卵。以甲壳类动物和浮游生物为食。雌鱼在海岸附近产卵，最远不超过 100 千米，其卵为漂浮状态，产卵量在 6000~14000 枚。栖居在海水水域，但也可以游动至河口，尤其是在幼鱼时期，可以在低盐度的水域中生存。

Clupea harengus
大西洋鲱

体长：30~40 厘米
体重：1 千克
保护状况：无危
分布范围：大西洋北部

大西洋鲱栖居在寒温带水域海水的中下层。为了预防敌人的攻击，它们以紧凑的鱼群形式出现，在沿岸附近活动。它们的洄游行为非常复杂，其一是为了寻找食物，其二是为了生殖产卵。大西洋鲱主要是以桡足类动物为食，但也可以借助视觉捕食其他生物体。它们成长缓慢，3~9 岁达到性成熟。

鲤鱼及其亲缘鱼类

门：	脊索动物门
纲：	辐鳍鱼纲
目：	鲤形目
科：	5
种：	2662

此目中大部分成员仅具有单一的背鳍，但在一些物种中，可见到第二个由脂肪构成的背鳍。通常，它们的头部无鳞，颌部无齿，但长有咽齿（除双孔鱼属）。绝大多数分布在淡水中，广泛分布于东南亚。

Danio rerio
斑马鱼

体长：3.8厘米
体重：无数据
保护状况：无危
分布范围：亚洲西南部

斑马鱼外形特殊，身体两侧有5~7条深蓝色的纵纹，尾鳍为金银色，它们有着类似斑马的外形，并因此而得名。雄鱼的臀鳍一般比较大，且呈淡黄色。栖息于清澈的水域，如小溪流、水稻田以及山涧中的小溪。是杂食性鱼类，以小型甲壳类动物、蠕虫、藻类以及其他水生植物为食。产卵期可以是一年中的任意时段，主要由食物供给情况决定，同时也受温度的影响，一般是在季风季节。雌鱼产卵量为400~500枚。孵化之后，小鱼苗们利用头部特殊的细胞黏附在坚硬的介质上。是群居性鱼类，以鱼群的方式活动，队形变化十分华丽。

此种鱼类在多个领域被用作模式生物，非常具有研究价值。

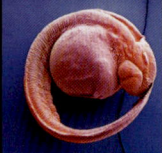

成长记录
从产卵到孵化仅仅需要3~4天的时间。

隐藏的触须
在嘴部旁边，有2对小小的触须，肉眼看不到

身形
鱼体呈纺锤形，侧扁。

献身科研
它们对遗传学、化学毒性、移植、再造器官以及其他领域科学研究的发展起到了巨大的作用。

Catlocarpio siamensis
巨暹罗鲤

体长：1.5~3米
体重：45~300千克
保护状况：极危
分布范围：亚洲

巨暹罗鲤是洄游性鱼类，栖居在湄公河淡水河段、湄南河及其支流。一到繁殖季节，它们就会进入渠道或漫滩洪泛区寻找食物，而幼鱼则喜欢待在沼泽、池塘或者小溪中。以藻类、浮游植物以及落入水中的水果和果屑为食。现今，它们的生存状况非常令人担忧，主要是因为栖息地的破坏以及过度捕捞。

Pelecus cultratus
欧飘鱼

体长：25~60厘米
体重：2千克
保护状况：无危
分布范围：欧亚

欧飘鱼栖息环境在淡水、咸水均可，喜欢群体行动，常在较大的河流下游、水库、里海和波罗的海东部水域的泥沙底层附近出没。身体呈弯曲状，像一把弯刀，其俗称由此而来。主体体色为银白色，腹部偏白，鳍部颜色柔和。侧线下方长有波纹；嘴部倾斜；鳍为辐轮状，长而尖；腹部长有尖锐的齿缘。以浮游动物、陆生无脊椎动物以及小型鱼类为食。

Cyprinus carpio
锦鲤
体长：0.25~1.1米
体重：0.4~40.1千克
保护状况：易危
分布范围：欧洲、亚洲东部、北非

锦鲤栖居于深水水域温暖而平缓的沙底或淤泥底部，可以在低氧的环境下生存，甚至可以忍受缺氧情况的发生。这一特性让它们可以拥有自己的空间，而不被其他物种打扰。

性别二态性在它们身上几乎没有体现，雌鱼通常身形较小，腹部和胸鳍略圆，体色比雄鱼略为鲜明。它们每年都会进行生殖繁衍。在春夏气温升至18摄氏度以上时，它们会洄游至三角洲和河口地区，雌鱼会陆续在那里产卵。所以，它们的生殖繁衍期长达60~70天。产出的卵具有黏性，可依附在半浸式的植被上。小鱼苗们只能存活于温水水域，而且该水域中还必须富含可以让小鱼苗藏身的植被，这样它们才能在那里平安度过生命的最初阶段。

当水温低于12摄氏度时，它们便会沉于底部进行冬眠。它们是杂食性鱼类，以浮游动物、底栖动物、甲壳类动物、昆虫、软体动物、蠕虫、种子、水生植物以及藻类为食。日出和日落时分是它们一天当中最活跃的时间段。

随遇而安
可以栖居于淡水和咸水水域，对水温的适应性也非常好

多彩鲤鱼
中国培育出了各式各样可供观赏的多彩鲤鱼，包括橙色、红色、黄色、金色、白色以及黑色

翻动工具
嘴周围长有触须，可以用它们探挖藏在底部的食物

Carpiosdes cyprinus
似鲤亚口鱼
体长：52.1~66厘米
体重：2.9千克
保护状况：未评估
分布范围：美国中东部

似鲤亚口鱼的通用名源自背鳍呈丝状向后延伸的特点。全身被银白色的大鳞片覆盖，尾鳍全部为叉形，侧面扁平。它们以多种水生植物、软体动物（尤其是蛤蜊）以及昆虫为食。栖息于松软的淡水水域底部，在那里它们可以找到许多藏身于泥沙的底栖无脊椎动物。

似鲤亚口鱼通过卵生繁殖，春夏季时，会洄游至浅水水域，雌鱼在沙洲或淤泥上产卵，然后雄鱼便开始授精，受精卵的孵化期是8~12天。每次平均产卵量为6.4万枚，但由于父母在受精成功后便由它们的后代自生自灭，不予照顾，而且这些受精卵和小鱼苗们对很多物种来说都是美食，因此它们的死亡率非常高。

Carassius carassius
黑鲫
体长：15~64厘米
体重：1.5~3千克
保护状况：无危
分布范围：欧亚

黑鲫栖息于不流动或水流缓慢且富含植被的浅水水域。可以承受相当大的温度跨度，因此，它们既可以在高温下生活，也可在低温下甚至表面结冰的水中存活。同时，它们还可以忍受污染水域以及低氧环境。属于杂食性鱼类，以垃圾碎屑、无脊椎动物、藻类以及小型植物为食。

它们是群居鱼类，也是和平爱好者，所以总是以鱼群的方式活动。

在生殖期，雌鱼的肚子会鼓胀，其生殖器官是可见的，吸引雄鱼前来交配。雄鱼们则发起猛烈的攻势，锲而不舍地展开追求，并与雌鱼们发生肢体上的剧烈摩擦，引诱其产卵。

选择性育种
中国的水族爱好者们人工繁育了各式各样的品种

泥中的巢穴
当冬季来临或是季节变得干燥时，它们便会屈身于水底的巢穴中，以躲避缺水的环境

Acantopsis octoactinotos
八线小刺眼鳅
体长：9.6~18 厘米
体重：无数据
保护状况：易危
分布范围：印度尼西亚和马来西亚

八线小刺眼鳅的身体细长，吻突出，触须欠发达。体色为浅灰褐色，长有颜色略深的小斑点，腹部为白色。眼睛很小，位于头部偏上的位置。栖息在清澈且含氧量高的河流和湖泊底层，属杂食性鱼类，性情好斗，攻击性强。它们在底部碎石中藏身，在岩石上休憩。

沿海森林砍伐所造成的物种消亡和河流污染给它们带来了巨大影响。

Catostomus catostomus
亚口鱼
体长：22.5~64 厘米
体重：3.3 千克
保护状况：未评估
分布范围：北美洲和西伯利亚

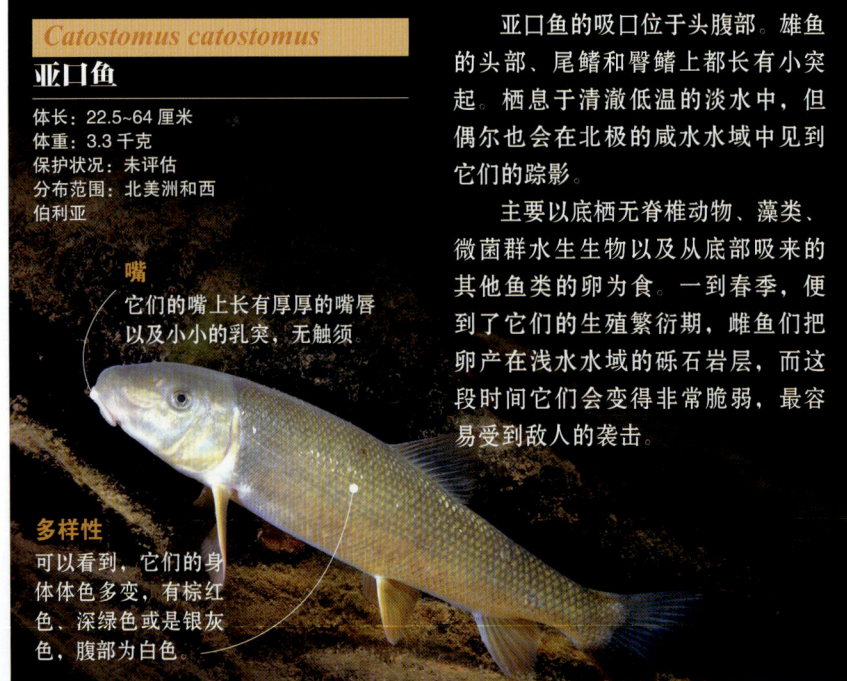

嘴
它们的嘴上长有厚厚的嘴唇以及小小的乳突，无触须

多样性
可以看到，它们的身体体色多变，有棕红色、深绿色或是银灰色，腹部为白色。

亚口鱼的吸口位于头腹部。雄鱼的头部、尾鳍和臀鳍上都长有小突起。栖息于清澈低温的淡水中，但偶尔也会在北极的咸水水域中见到它们的踪影。

主要以底栖无脊椎动物、藻类、微菌群水生生物以及从底部吸来的其他鱼类的卵为食。一到春季，便到了它们的生殖繁衍期，雌鱼们把卵产在浅水水域的砾石岩层，而这段时间它们会变得非常脆弱，最容易受到敌人的袭击。

Cycleptus elongatus
长背亚口鱼
体长：66.5~93 厘米
体重：6.8~18 千克
保护状况：近危
分布范围：墨西哥和美国

长背亚口鱼栖息于大型的河流、湖泊以及水库的深水区域。在产卵期洄游至水流湍急且底层有岩石的区域。雄鱼开始时是上游洄游，而后便追着雌鱼；它们的游移距离可超过160 千米。

在春季水温上升的时候开始产卵，能持续 10~28 天，它们的受精卵为黄色，黏附在底层的沙土和碎石上。以甲壳类动物、蛤蜊、水生昆虫的幼虫、底栖鱼类和藻类等水生植物为食。

造成它们濒临灭绝的主要原因是水坝的建设破坏了它们赖以栖息的环境，阻碍了洄游的路线，造成了它们大量的死亡。

吸来的食物
嘴是吸盘式的，圆形的吻突出，嘴唇被无数个突起覆盖着。

生物指示器
如果在水中不能发现它们的踪迹，那便意味着这片水域太浑浊或者已被污染。

Barbatula sturanyi
搏条鳅
体长：10 厘米
体重：无数据
保护状况：无危
分布范围：欧洲东南部

搏条鳅俗称"奥赫里德石泥鳅"，这源自于它们的一种特殊行为——常在奥赫里德湖中露出水面的岩石上休憩。栖息于带有岩石层的清澈湖泊和溪流中。身体细长，身形近乎圆柱形，头部和尾部略扁，端部呈锥形。身体底色为浅灰色，长有深色或黑色斑点，并有金色的反光效果。

Psilorhynchus amplicephalus
大头裸吻鱼
体长：5~5.7 厘米
体重：无数据
保护状况：数据不足
分布范围：印度阿萨姆邦

大头裸吻鱼栖息于淡水的中低水层，栖息的水域往往水流湍急，底部为沙土质。它的学名是根据其较大的头部尺寸而命名的，头的前部略扁，端部呈锥形。尾鳍分叉，胸鳍垂直于身体，用于抵御水流的冲击。

电鳗及其他

| 门：脊索动物门 |
| 纲：辐鳍鱼纲 |
| 目：裸背电鳗目 |
| 科：6 |
| 种：150 |

它们有着淡水鱼的血统，分布在潮湿的美洲热带大陆。它们当中的电鱼最为我们所熟知。其身上具有电感应系统，还有能够产生电场的器官。无腹鳍、背鳍以及尾鳍（光背电鳗科除外）。臀鳍和身体长度几乎一样。鱼鳃偏小，由三角形鳃盖骨覆盖着。

Electrophorus electricus
电鳗

体长：1.8~2.5 米
体重：20 千克
保护状况：无危
分布范围：南美洲中东部

电鳗是电鳗属的唯一品种，身体呈纺锤形或蛇形，体色为灰绿色，有微小的鳞片，全身像穿了一层黏稠状、润滑的黏膜衣。拥有一个庞大的毛细血管系统，血管化非常明显，该系统可直接从水中或空气中吸收氧气。栖息于奥里诺科河和亚马孙河流域。偏爱平静且带有粉砂质河床的水域。它们也常常现身于水温在 23~28 摄氏度的小溪、沿海平原和沼泽中。属于杂食性鱼类，以鱼类、蟹类、小型哺乳类动物、种子以及水生植物为食，幼鱼则以无脊椎动物以及幼虫为食。11~12 月是它们的生殖繁衍期，它们会在自己生长的地方产卵。雌鱼在雄鱼用唾液搭建的巢穴中产卵。

横截面

发电细胞如电池一样，组成了一套肌电板。

鱼鳔
位于内耳的一个腔室，是构成听力的重要部分。

电击
拥有两组发电器官，第一组发电电压较低（10 伏），第二组发电电压高达 600 伏。

结节或突起
不规则地分布在全身，像是高频接收器一样，可以用来探测猎物

Gymnotus carapo
圭亚那裸背电鳗

体长：40~76 厘米
体重：1.25 千克
保护状况：未评估
分布范围：中美洲及南美洲

圭亚那裸背电鳗的鱼身为圆柱形，逐渐地被压缩直至尾部。体色为棕褐色，长有横向的条带，沿中线有一条白色的条纹，无背鳍，腹鳍的长度和整体的身长接近。夜行性动物，成鱼以甲壳类动物以及鱼类为食。具有发电器官。

Eigenmannia virescens
青色埃氏电鳗

体长：20~45 厘米
体重：无数据
保护状况：未评估
分布范围：南美洲

青色埃氏电鳗的身体纤细，侧扁，鱼体被圆形鳞片覆盖，呈半透明状，也可以呈乳白色或黄色，有深色侧线。栖息于平静且多植物的水域。喜黄昏和夜间出动，而白天则藏身于水下植物中。

脂鲤

| 门：脊索动物门 |
| 纲：辐鳍鱼纲 |
| 目：脂鲤目 |
| 科：18 |
| 种：1674 |

这是个庞大的淡水鱼群体，起源于美洲大陆。整体来说，它们的体形较小，但根据物种的不同，身形大小和形态也各有不同。头部没有触须，也不长鳞片，口中含齿，通常长有脂鳍。它们白天在浅水水域活动。许多物种都是水族馆里的宠物。

Hyphessobrycon bifasciatus
双带鲱脂鲤

体长：4.7厘米
体重：无数据
保护状况：未评估
分布范围：巴西沿海流域以及巴拉那河上游流域（南美洲）

双带鲱脂鲤栖息于水温20~25摄氏度的水域底层，如河流、小溪或湖泊中，这些水域多数被丛林覆盖。它们在水底觅食，体色不是很醒目，分为两种：一种主体是银灰色的，混有轻微的黄色调；另一种是金黄色的，它们的俗称也是由此而来的。身体前部有两条垂直的深色竖线，但并不是很显眼。可在水族馆中喂养并供观赏。

半透明
它们的鳍是半透明的。

颜色
在主体颜色为灰色的品种中，身体前部的垂直竖线更加不显眼。

Hyphessobrycon flammeus
火焰鲱脂鲤

体长：2.5~4厘米
体重：无数据
保护状况：未评估
分布范围：巴西里约热内卢

火焰鲱脂鲤在里约热内卢州沿海水域中活动，以那里的蠕虫、甲壳类动物以及植物为食。栖息于温暖、平缓的水域，适宜水温在22~28摄氏度之间。鱼身呈现出了两种截然不同的颜色，前部呈银色并带有两条垂直的深色竖纹，后部则呈微红色。野生种群已经被巴西政府保护起来，人工喂养的雌鱼可产200~300枚卵。

背鳍
背鳍把它们分成了两类。雄鱼背鳍边缘的颜色和雌鱼的不同。

Gymnocharacinus bergii
佰氏裸脂鲤

体长：可达7.5厘米
体重：无数据
保护状况：濒危
分布范围：阿根廷黑河

佰氏裸脂鲤是一个独特且稀有的物种，因为几乎不长鳞片而得名。它们中个头较大的身长也仅有5厘米，在水中看上去就像一条横线一样，仅栖居在位于阿根廷巴塔哥尼亚的索姆古拉高原中部的瓦吉河流域的源头。不接受人工饲养，也不能离开生活的水域到其他环境中生存。它们的身体纤细，体色在绿色至铜褐色或浅棕色之间。因为皮肤上缺少鳞片，所以它们的皮肤看起来像是由许多细小的脂肪颗粒构成。

Piaractus mesopotamicus
细鳞肥脂鲤

体长：40.5~50厘米
体重：20千克
保护状况：无危
分布范围：巴拉圭巴拉那河流域（南美）

细鳞肥脂鲤是拉普拉塔河流域鱼类资源中的一种。因为肉质鲜美，所以会被人类捕来食用。相对来讲，它们的体形较大，很健壮，呈卵形，身体扁平。体色为银灰色，肚皮为白色，胸部呈金黄色。鳍为黄色或是橙色，而鳍的突缘为黑色。它们以甲壳类动物、蜗牛、小鱼类以及植物果实等为食。栖居在河流和小溪的沙洲上。洄游性鱼类，在3~5月期间，逆流而上，而在夏季时返回产卵。

Salminus brasiliensis
大颚小脂鲤

体长：1.2 米
体重：30 千克
保护状况：无危
分布范围：南美巴拉那河流域

背鳍
背鳍位于脊背的中间部位。

捕食
嘴中长有非常坚硬锋利的牙齿，用于捕食其他鱼类

动力
尾鳍可以让其逆流游动，中心部位长有一条黑色带状物

金光闪闪
它的鳞片是金黄色的，并带有深色的斑点

大颚小脂鲤是拉普拉塔河流域的标志性品种，不仅在市场上非常有价值，在钓鱼爱好者中也很受欢迎。肉食性鱼类，以其他鱼类为食。成鱼喜欢栖息在水流湍急的区域活动，幼鱼则喜欢在平缓水域的柔软泥沙底层。它们体形硕大，非常健壮。头部几乎占据了身长的 1/4。口中长有锥形的牙齿。眼小，位于头的后部。属洄游性鱼类，在对样鱼的研究中显示，最长的迁移距离可达 1500 千米。在 10 月或 11 月的时候，它们会逆流而上进行繁殖。雄鱼追在雌鱼的后面不停地示爱。它们采用的是体外受精的方式在水流中产卵，一次产卵量可达 20 万枚左右。

Colossoma macropomum
大盖巨脂鲤

体长：1.2 米
体重：30 千克
保护状况：未评估
分布范围：南美奥里诺科河以及亚马孙河流域

大盖巨脂鲤的身体呈半椭圆形，侧扁。成鱼体色为银色，带有统一的微黑色斑点。栖息于富含植被且水流湍急的深水水域。雄鱼的背鳍更加突出，臀鳍长有齿缘。它们通常以植物为食，但偶尔也会进食一些昆虫和甲壳类动物。它们有非常敏锐的嗅觉，属于群居鱼类，和平的爱好者。

Metynnis hypsauchen
高身银板鱼

体长：15 厘米
体重：无数据
保护状况：未评估
分布范围：南美洲

高身银板鱼的身体扁平得像被压缩过一样，且呈半圆状。与同属的其他鱼类一样，拥有大尺寸的脂鳍，以及边缘为黑色的红色臀鳍。口中长有非常锋利且坚固的牙齿。体色为银色。栖息于水温 24~28 摄氏度的水域环境中。属于杂食性鱼类，但主要以植物为食。小鱼苗在出生 3 天后就能够开始游动了。

Paracheirodon axelrodi
阿氏霓虹脂鲤

体长：2~4 厘米
体重：无数据
保护状况：未评估
分布范围：南美洲奥里诺科河以及黑河的上游

阿氏霓虹脂鲤艳丽鲜明的体色让它们成为水族馆中非常具有观赏性的鱼类。它们的身上长有一条红色的纵带，上面闪耀着蓝色的金属光泽。它们以庞大的鱼群形式出现。阿氏霓虹脂鲤是杂食性鱼类，不过主要以水生昆虫为食。喜爱生活在水温 23 摄氏度以上的深邃水域环境中。雌鱼在晚间把卵产在植物上，受精成功后，受精卵经 24 小时后便孵出幼鱼，5 天后，小鱼们就会活蹦乱跳起来。

Pygocentrus piraya
迷人臀点脂鲤

体长：30~60 厘米
体重：3.17 千克
保护状况：无危
分布范围：巴西圣福兰西斯科河流域

迷人臀点脂鲤盛产于巴西圣福兰西斯科河流域。性情凶猛，具有攻击性，以集群形式攻击猎物。在人类面前通常表现得很胆怯。它们的身体呈圆盘状，侧扁，头部很大且扁平。颌部很发达，长满了一口锋利的锯齿状牙齿。与其他同种鱼类相比，体形偏大。顶部呈银色而腹部微红。

Pygocentrus nattereri

纳氏臀点脂鲤

体长：28~33厘米
体重：3.5千克
保护状况：无危
分布范围：美洲南部

眼睛
眼睛的直径大约是眼睛到鳃盖骨距离的1/3。

纳氏臀点脂鲤的身体呈圆形，偏扁。头部非常大，颌部坚实且突出，长满了锋利的牙齿。它们的背部为灰色，腹部呈红色或橙色，但会根据年龄的不同和地理分布的不同而变化。两侧为栗色并带有许多的银色闪光点。幼鱼身上会有黑色的斑点，但是长成成鱼之后斑点便会消失。

生殖繁衍
纳氏臀点脂鲤的产卵期在春夏两季，为了保护鱼卵不被捕食，雌鱼会将卵产在雄鱼挖好的巢穴里。它们体色鲜艳，红色的腹部是它们的特征。大部分水域中的纳氏臀点脂鲤产卵周期会受潮汐的季节性影响，它们会在雨季来临时在河湖交界处产卵。

捕食者和它的猎物
它们以美洲虎、鳄鱼、海豚、猛禽以及其他肉食性鱼类为食。

河中称霸
现实中纳氏臀点脂鲤的捕食行为已远远超越了传说中嗜杀成性的主人公们的杀戮行为，不管体形多大的动物，都可能被它们吞噬。即使是人类，如果在水中遇到它们，也会被吞食。但是当它们受伤或残疾的时候，是很难发起攻击的。其实纳氏臀点脂鲤非常胆小，行为捉摸不定。对血的味道非常敏感，只要闻到，就会刺激它们开启攻击模式。众多成员一起行动，一只体形庞大的哺乳动物在几分钟之内就会被它们消灭干净。

触感
它们的嗅觉十分发达，用于探测食物。视觉尚可，但是在它们栖居的浑水中使用得很少。

牙齿
它们的牙齿呈三角形且开刃。当嘴闭上时，上下牙齿可以咬合，这样更利于它们切割食物。此外，一旦咬住猎物，纳氏臀点脂鲤会撕扯它们，把它们的肉撕成块状，所以大型猎物会在几分钟之内变成残骸。

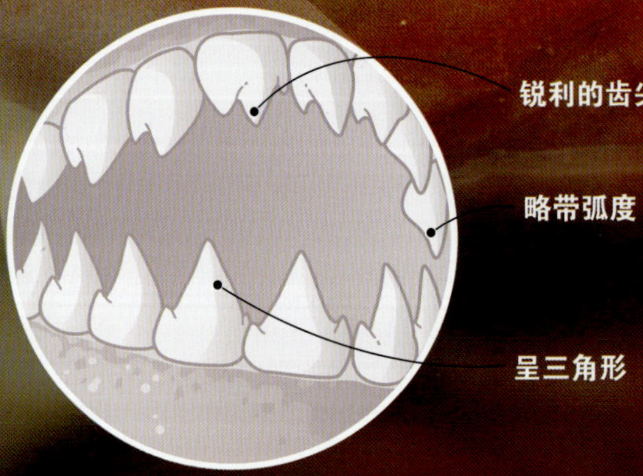

2万
每次产卵量可达2万枚。

- 锐利的齿尖
- 略带弧度
- 呈三角形

背部
与红色的腹部截然不同,它们的背部呈灰色。背鳍前方长有一根小小的刺。

显著特点
臀鳍与尾鳍是分开的,只与尾柄相连,具有脂鳍。

锯脂鲤科
此科鱼类的名字源于它们锯形的腹刺。

30
30多只个体聚集在一起攻击猎物。

食物
它们是典型的机会主义者,主要靠肉食,以其他鱼类和无脊椎动物为食,有时也吃小型脊椎动物。除非是在干旱的日子里,否则它们很少攻击健康的动物。

① 受害者
当一个生病或是受伤的潜在猎物出现时,它的动作会通过水波传播,把纳氏臀点脂鲤吸引过来。

② 第一口
当纳氏臀点脂鲤孤军作战时,会先试着咬一口猎物,确认可以吞噬后,便开始撕扯,同时利用血的气味呼唤同伴。

③ 全面猛攻
其他纳氏臀点脂鲤接到同伴的信号,就会冲过来加入猛攻的队伍,快速地将食物撕扯并转移,以防其他鱼群过来抢食。

④ 残骸遗骨
就算是最坚硬的部分也能被它们撕扯扭断。在几分钟内,猎物就会变成遗骨残骸。

鲇鱼及其亲缘鱼类

| 门：脊索动物门 |
| 纲：辐鳍鱼纲 |
| 目：鲇形目 |
| 科：35 |
| 种：2867 |

这是一种非常多元化的淡水鱼族群，有小体形的和中体形的，也有身体无鳞的或是被骨板覆盖的。它们多数是杂食性的，喜欢在夜间活动。所具有的感受器官（触感胡须、生化嗅觉感受器）让它们可以在黑暗中探测到食物。位于胸鳍前的鳍棘具有防御和生殖繁衍的作用。

Bagrus meridionalis
南鲿

体长：1.5 米
体重：9.5 千克
保护状况：无危
分布范围：非洲马拉维湖以及周围的河流

南鲿的分布非常具有局限性，体色从棕色至橄榄绿色不等，背部分布着不规则的黑色斑点。背鳍带有辐形棘，有脂鳍。每个胸鳍前都长有平滑的或略带锯齿边的鳍棘。尾鳍为深度分叉形。绝大部分栖居于多岩的水域环境中，从河流底层一直到湖泊深处都可见到它们的踪影。主要在晚间捕食丽鱼科鱼类。从深水区洄游进行生殖繁衍，将卵产在浅水区域岩石之间的缝隙中。孵化之后，小鱼苗们会在巢穴中度过生命最初的时光，它们以无脊椎动物以及剩下的未受精的卵为食。父母会一直守护它们，保护它们平安成长。

触须
它们的触须很长，这是它们所属科的特征

Hoplosternum littorale
滨岸护胸鲇

体长：24 厘米
体重：无数据
保护状况：未评估
分布范围：南美洲中东部至阿根廷北部

滨岸护胸鲇的雄鱼体形要比雌鱼大。在生殖期，它们胸部的鳍棘会变得异常强大，非常引人注目。在干旱时节，成鱼以昆虫、甲壳类动物以及碎屑为食，它们还可以从中摄取大量重要的厌氧菌。在雨季来临时，它们则以大量的摇蚊为食，而此时也进入了生殖期，雄鱼负责照顾受精卵：它们会使用胸部的鳍棘保护巢穴的安全。

感官
它们的前端长有2对触须。

Corydoras sterbai
满天星鼠

体长：6.8 厘米
体重：无数据
保护状况：未评估
分布范围：巴西中部与玻利维亚

满天星鼠栖居在亚马孙河流域底层软底的淡水水域，是所在的鱼属中最具观赏性的代表之一。体色为浅棕色，长有奶油色斑点，肚皮和胸鳍为浓艳的橙色。为了生殖繁衍，胸鳍上第一根鳍条转变成了棘刺。腹部向内收缩，背部呈弓形，全身被硬骨板交叠覆盖。雌鱼的体形比雄鱼大很多，它们的鱼卵可以同时被3条雄鱼授精，受精卵黏附在植物的叶片下方。

Kryptopterus bicirrhis
双须缺鳍鲶

身长：15 厘米
体重：无数据
状况：无危
分布：湄公河以及湄南河流域、马来西亚半岛、苏门答腊和婆罗洲

双须缺鳍鲶栖息于水温 21~26 摄氏度的热带淡水水域，常在小溪、大河甚至水田中见到它们的身影。它们的活动范围很广，从水底至水面都可以任意畅游。偏爱水流湍急的区域，常常在岸边活动。大多数时间，它们以鱼群的形式活动，一个鱼群最多可由 100 条鱼组成。它们在白天更为活跃。游动时，身体与水平面呈上倾斜角，尾部朝下。拥有一个透明的身躯，背上的刺和体内的器官均可见。它们的身体很扁，头部后方还挂着类似一个小袋子一样的东西。背鳍发育不全，但胸鳍的尺寸比头部还要大。以小型的鱼类、蠕虫、甲壳类动物、水生半翅类及其他昆虫为食。

据估测，污染对它们的栖息环境造成了恶劣的影响，过度捕捞对鱼群数量的影响尤为严重。

尾鳍
呈分叉状，一边的叶瓣比另一边稍大。

感官触须
位于上颌部，非常长。

体形
细长，侧扁。

捕食
它不仅在水族馆里是明星鱼类，在亚洲人的餐桌上也是一道经典的美味菜肴。

透明的身躯
它是水族馆中常见的一种鱼类，其透明的身躯以及轻微泛出的虹彩光泽非常引人注目。

Scleromystax barbatus
头点兵鲶

体长：9.8 厘米
体重：无数据
保护状况：未评估
分布范围：巴西里约热内卢至圣卡塔琳娜

虽然头点兵鲶的体形很小，但是在鲇鱼中算是大块头。头点兵鲶以底栖甲壳类动物、蠕虫、昆虫以及植物为食。栖息于亚热带的淡水水域。雌鱼的体形比雄鱼大很多，但是雄鱼的背鳍、胸鳍非常发达，几乎可以延伸至尾柄。它们将卵产在茂密的植被中，其身影在水族馆中非常常见。

Corydoras haraldschultzi
哈氏兵鲶

体长：5.9 厘米
体重：无数据
保护状况：未评估
分布范围：巴西和玻利维亚

哈氏兵鲶的体色为浅赭色，带有棕色斑点。喜群居，常在水底游动。它们也可以生存在缺氧的环境中，肠功能的变异让它们能够直接呼吸空气。它们在水面上猛吸几口空气并将其输送到肠道，给血液供氧。雌鱼的腹部长有一个袋状物，产卵期这里会装满卵子，它们会将这些鱼卵产在提前选好并清理过的地点。

Corydoras napoensis
纳波河兵鲶

体长：5 厘米
体重：无数据
保护状况：未评估
分布范围：亚马孙流域西部、厄瓜多尔和秘鲁

与其他种类的鲇鱼相比，纳波河兵鲶有着更加纤细修长的身形，身体呈粉红色并遍布着黑色斑点，斑点连成一条横跨全身的虚线条纹。胸鳍、腹鳍和臀鳍为闪闪的金黄色，而尾鳍、背鳍以及脂鳍的颜色却很暗淡。它们以鱼群的形式活动，一个大鱼群可由几百条个体组成，共同防御敌人的侵袭。属杂食性鱼类。

Ameiurus nebulosus
云斑鮰
体长：25~55厘米
体重：0.5~2.7千克
保护状况：未评估
分布范围：北美洲，被伊朗、土耳其、爱尔兰引进

云斑鮰的体色为棕色，背部至两侧逐渐变浅，一直到腹部颜色浅至乳白色。嘴边长有又长又鲜亮的"晶须"，上部还有两根屹立不倒的突起。两个臀鳍（前和后）几乎是相连的，在腹部的后半部分随身体而摇摆，背鳍很小。

栖息于温带淡水河流和湖泊中，可以适应不同的环境条件，比如咸水水域和河床缺氧的水域。以昆虫、环节动物、蛤蜊、其他鱼类的鱼卵、蜗牛、小鱼以及植物为食。

特殊的鳍
第一个背鳍以及胸鳍都可见一根尖锐的棘刺，可起到保护作用

生殖繁衍
它们会吃自己的后代，随着小鱼苗们不断地成长，它们便丧失了保护孩子的本能，忘记自己的父母身份。

Ameiurus catus
犀目鮰
体长：30.5厘米
体重：无数据
保护状况：未评估
分布范围：美国东部大西洋沿海河流

犀目鮰流连于温带淡水水域，常常在不超过10米深的河道底部游动。在所栖息的河流内进行洄游。鱼体上部的颜色是闪亮的棕黄色，颜色越接近腹部越浅，腹部几乎呈白色，也有一些鱼背部呈蓝色。以小型鱼类、其他鱼类的卵、水生昆虫以及植物为食。

Ameiurus melas
黑鮰
体长：27~45厘米
体重：3.6千克
保护状况：未评估
分布范围：北美洲

黑鮰的栖息地为平静且富含大量植被的缓流河流，底层以淤泥、沙土、沙砾底为主。体色为棕黄色，拥有高度发达的触须，一般为4对。求偶成功后，雄鱼会摇动身体，用头去轻触雌鱼的头，会在有遮挡的底部洞穴中一起交配产卵，卵呈圆形的凝胶状，产卵量为2500~4000枚。黑鮰以软体动物、鱼类、双壳类、甲壳类、幼虫、昆虫以及其他鱼类的卵为食。

Noturus gyrinus
蝌蚪石鮰
体长：5~13厘米
体重：无数据
保护状况：未评估
分布范围：北美洲

蝌蚪石鮰的体色为深棕黄色，有些呈棕红或微红，体两侧有一条或两条长长的深色侧线。腹部为淡黄色。上下颌大小相同。尾鳍较大，近似圆形，平展在整个尾部上下，臀鳍的尺寸也很大。通常在平静水域的底部栖息，以拖动的方式在泥中前行，就像是在挖凿土地，开辟道路。主要以小型昆虫及其幼虫和蝌蚪为食。它们长有4对触须，竖立在上部的较长，含有颗粒状的味觉细胞，可以让它们察觉猎物，并预估其数量。

光滑的身体
鱼体无鳞，但被骨板覆盖

鱼类（上） 91

Noturus lachneri
莱氏石鮰

体长：4~10厘米
体重：无数据
保护状况：濒危
分布范围：美国

鳍
以暗色调为主，在灰色或棕色的暗色调范围内，边缘可见黑色。

莱氏石鮰能够在不连续的区域中栖居，旱季从山上流下来的河流会出现断流、干涸的现象，它们就靠一个个独立的小水坑或小池塘来维持生命。它们常常在沙砾、沙土或淤泥底部的水域活动，喜欢将身体半埋起来。偏爱清澈且水流湍急的水域。像其他鮰科鱼一样，它们拥有长长的触须，且朝向各异，两根向上延伸，还有几对是向两边和前方生长的，剩下的向下生长。尾鳍很大，呈圆形，背鳍很突出。体色为红黄色，前背部略显绿色色调。

保护状况
由于它们分布的局限性，再加上人类修建大坝或砍伐木材等行为对它们的生存环境造成的影响，它们的数量已急剧下降。

Noturus stigmosus
密点石鮰

体长：7~13厘米
体重：无数据
保护状况：未评估
分布范围：美国和加拿大

密点石鮰长有独立且锋利的胸刺，相连的腺体会分泌出一种物质，这种物质会让伤口变得更加疼痛。它们的体形较胖，体色为浅灰色、棕黄色或棕褐色。身体两侧长满了浅棕色的斑点，鳍主要以暗色调为主，仅端部颜色较浅。因为它们在日落后的活动较频繁，所以对水质的清洁度要求很高，以昆虫和幼虫为食。

Hypancistrus zebra
斑马下钩甲鲶

体长：6.4厘米
体重：无数据
保护状况：未评估
分布范围：巴西

斑马下钩甲鲶栖居在有淤泥或是沙砾的水流底部。鳞片上有骨甲，但腹部是光滑的。口位于腹部，以吸入的方式摄取食物，如吸盘一样，紧贴着河底扫荡并吸食猎物。背鳍和胸鳍有坚硬的棘刺，用于抵御敌人。白色的身体上从头至尾布满了倾斜的黑色横纹。

Pterygoplichthys multiradiatus
多辐翼甲鲶

体长：6.5~7.8厘米
体重：无数据
保护状况：未评估
分布范围：南美洲

多辐翼甲鲶全身都被硬骨板或骨甲覆盖。底栖鱼类，通常在池塘、沼泽以及河流底部的淤泥中活动。卵生，雄鱼会将受精卵放入自己颌部下方的一个腔室中，直到它们长成幼鱼才会从这里出去。它们的产卵期在10月至11月，会随着纬度的不同而变化。

以藻类、其他鱼类的卵或鱼苗为食，也可以摄取食物碎屑和腐肉。

体形小而细长，头扁平，眼小且突出，胸鳍和背鳍很大。身体底色为深棕色，上面布有蜘蛛网状的花纹，棕色和白色交叉混织。

视觉
光线充足时，眼瓣会将瞳孔遮住，黑暗时便打开。

Plotosus lineatus
线纹鳗鲶

- 体长：14~32厘米
- 体重：600~816克
- 保护状况：未评估
- 分布范围：印度太平洋

线纹鳗鲶是此科鱼类中唯一一个在印度洋和太平洋珊瑚礁水域中栖息的品种。虽然这是它们主要的生存环境，但它们也可以变成广盐性生物与河湖间洄游的鱼类，在河口、沼泽及非洲沿海开阔海域生存。体表无鳞，根据年龄的不同，体色也截然不同。在幼鱼时期全身呈黑色，随着年龄的增长转变为棕色，发育为成鱼时身上会出现鲜亮的黄色或米白色的等身长条纹。

嘴周围长有4对触须，并延伸至眼眶后方，这些触须可用于在沙底中探寻猎物。它们以藻类、甲壳类动物、软体动物以及其他无脊椎动物为食，偶尔也会改变口味，以小型鱼类为食。

它们是夜行性动物，白天时喜欢藏身于珊瑚的凸起处。在幼鱼时期它们喜欢群居，成鱼后就各自栖居或采取不超过20个成员的小组式生活。卵生鱼类，雌鱼会将卵产在海底的巢穴中。

毒刺
它们胸鳍和第一个背鳍上长有许多棘刺，这些棘刺都是带有有毒的腺体。

合作
幼鱼们通常是以密集紧凑的鱼群形式一起游移，这样可以伪装成大型动物，防止敌人的攻击。

Phractocephalus hemioliopterus
红尾护头鲿

- 体长：0.6~1.34米
- 体重：44.2千克
- 保护状况：未评估
- 分布范围：巴西、委内瑞拉、秘鲁以及圭亚那的亚马孙河流域

红尾护头鲿遍布在亚马孙河和奥里诺科河温暖的流域，从水流湍急的水域到被水淹没的丛林都能够见到它们的身影。它们名字源于尾鳍呈现出的颜色——红色或橙色。

它们是第三纪中新世时期唯一一种存活下来的鱼类。性情好斗，具攻击性，以鱼类、蟹类以及掉落在水中的果类为食。它们是夜行性鱼类。

人类对它们的生活习性和生殖规律都了解甚少，只知道它们是卵生鱼类，并进行体外受精。因为它们不会在产后照顾其后代，所以它们的生殖能力很强。

通常，随着雨季的到来，它们的生殖繁衍也进入了高峰期。

幸运色
南美原住民部落的人民不会捕食此类鱼，因为他们只吃白色的鱼肉，而此鱼的肉为深色。

长胡须
它们长有3对触须，上面布满了味蕾以及嗅觉和触觉的乳突。

Pseudoplatystoma fasciatum
条纹鸭嘴鲶

- 体长：0.53~1.04米
- 体重：45~70千克
- 保护状况：未评估
- 分布范围：南美洲

条纹鸭嘴鲶拥有3对胡须，其中1对带有触觉。雌鱼的体形比雄鱼大很多，习惯在日落后活动，以鱼类、软体动物以及甲壳类动物为食。

在春季到来的时候，它们会游到河流上游繁衍后代，产下的鱼卵会随着水流漂泊至它们之前居住的地方。泰普和雅西雷达大坝的修建切断了它们洄游的路线，它们赖以生存的自然环境已经减少了44%的面积。

Clarias batrachus
胡鲶
体长：26.3~47 厘米
体重：1.2 千克
保护状况：无危
分布范围：东南亚

胡鲶喜欢水流缓、多淤泥的环境，大多栖息于天然池塘、沼泽、沟渠、稻田以及有积水的洼地中。因为有辅助的呼吸器官，所以离开水后还可以生存一段时间。属杂食性鱼类，以水生植物、昆虫的幼虫及其他无脊椎动物为食。

那些准备繁衍后代的小夫妻们会提前在底层筑巢。雌鱼可产近千个卵，它们黏附成一团，由雄鱼负责保护。大约 30 个小时后，小鱼苗就被孵化出来了，之后的 2~3 天里，小鱼苗们以卵黄囊中剩余的营养维生。它们是无法在低温水域存活的。当天气转冷后，它们便会躲到温暖的深水区域避寒或是冬眠，等待春天的到来。

有害品种
它们在世界自然保护联盟（IUCN）颁布的全球百种恶性外来入侵物种的名单中榜上有名。

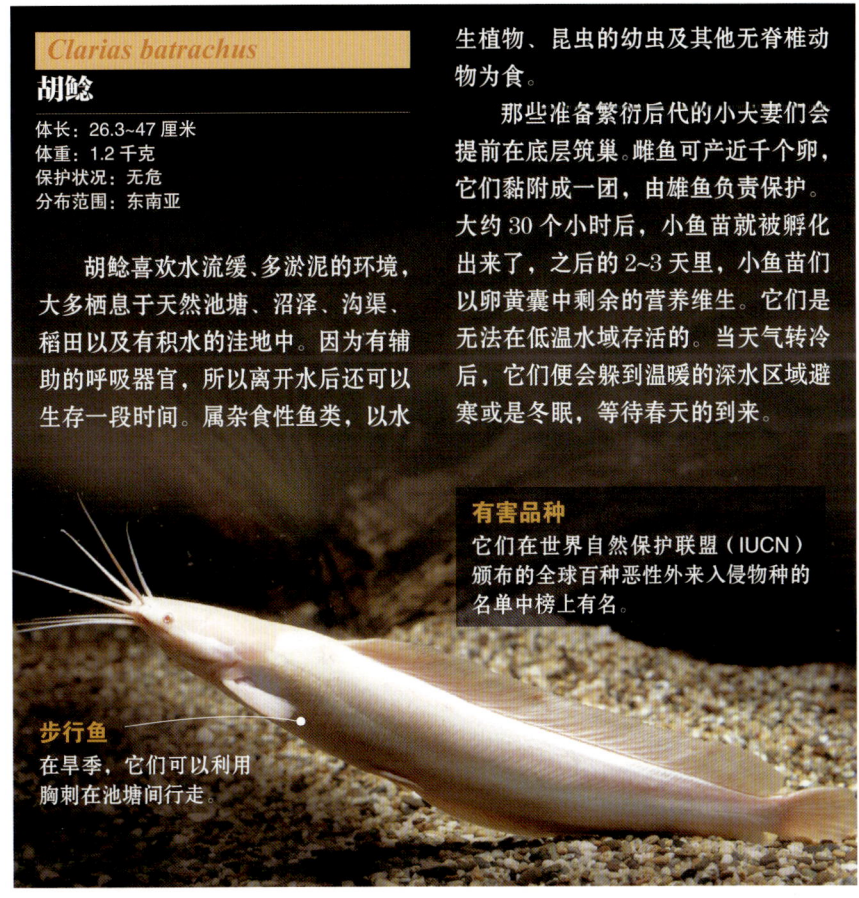

步行鱼
在旱季，它们可以利用胸刺在池塘间行走。

Silurus glanis
欧鲶
体长：3~5 米
体重：150~306 千克
保护状况：无危
分布范围：欧洲和亚洲

欧鲶栖息在污泥底部的水体中，偶尔也会在低盐度的沿海地区见到它们的踪影。

它们的皮肤上像涂抹了一层黏胶液，无鳞，长有许多感觉细胞，可以吸收氧气并排出二氧化碳，因此，它们可以忍受缺氧的环境，而且离开水环境也可以生存。它们习惯夜间活动，白天藏身于植物当中。它们以鱼类、幼虫以及其他无脊椎动物为食。

Sorubim lima
铲吻油鲶
体长：23.2~54.2 厘米
体重：1.3 千克
保护状况：未评估
分布范围：南美洲

铲吻油鲶栖息于亚马孙河、奥里诺科河、皮科马约河、巴拉那河以及巴拉圭河流域。白天隐身于浸在水下的树根中，夜间出来行动，以鱼类、甲壳类动物、昆虫、碎屑、植物以及牧草的种子为食。春季快结束的时候，它们会开始大规模的洄游行动，寻找一个适合繁衍后代的地方。它们是体外受精，受精后不负责照顾后代。

Vandellia cirrhosa
卷须寄生鲶
体长：6~17 厘米
体重：无数据
保护状况：未评估
分布范围：南美洲

卷须寄生鲶的俗名源于它们的一种行为，吸血鮎鱼会钻入大鱼的鳃腔或其他动物的泌尿系统中吸血，所以被称为"蓝色吸血鬼"。其实它们并不是吸血，而是停留在寄主的体内，用棘钩住其动脉，让血液流入自身的循环系统中。它们是唯一一种可以寄生于人体的脊椎动物。它们每时每刻都处于活动状态，随时准备着"吸血"。

Malapterurus electricus
电鲶
体长：1.22 米
体重：20 千克
保护状况：无危
分布范围：非洲

电鲶的肌肉组织带有一个发电器官，几乎遍布全身。发电电压在 300~400 伏，用于捕捉猎物和自卫。主要以食肉为主，最大可摄食为它自身身长一半的鱼类。

电鲶偏爱夜间活动，因为它们可以快速对光线的变化做出反应。性情好斗，坚决捍卫自己的地盘。

三文鱼及其亲缘鱼类

门:	脊索动物门
纲:	辐鳍鱼纲
目:	鲑形目
科:	鲑鱼科
种:	66

此类鱼绝大部分生活在海洋中,随后它们会洄游至河流产卵,栖居于清澈的冷水水域。它们是肉食性鱼类,通常体形较大。其肉质鲜美,深受人们尤其是广大垂钓爱好者们的喜爱。它们中的大部分品种面临着过度捕捞的危险,还有一部分远离故乡,迁移到了偏远的地方。

Coregonus lavaretus
真白鲑
体长: 73厘米
体重: 10千克
保护状况: 易危
分布范围: 瑞士日内瓦湖和法国布尔歇湖

真白鲑的鱼体长并呈银色。嘴小,上颌部可伸缩(可以向前移动),尾鳍上总共有19根鳍条。

真白鲑属于群居性鱼类,栖息在潟湖和河口水域环境中,以甲壳类动物为食,也包括部分浮游生物,甚至包括咸水中较大的物种。它们溯河洄游产卵:在河中出生,迁徙至海洋成长发育,最后又回到河中产卵。每年12月时游到河中产卵。洄游的距离可超过100千米。

自20世纪起,它们就离开了日内瓦湖,离开的原因至今仍是个谜。目前,它们在其他分布区域还没有面临生存的威胁,但是外来物种的介入在将来可能会引发问题。

Salmo trutta
褐鳟
体长: 0.7~1.4米
体重: 20~50千克
保护状况: 无危
分布范围: 欧洲,引进所有的大洲

褐鳟的鱼体呈纺锤形,嘴大,牙齿很发达。体色为灰色,带有圆形斑点。背部长有一个脂鳍,边缘呈红色。分布广泛,栖居于小溪、河流、湖泊和潟湖中,新生鱼在出生后前几年栖息于淡水水域,之后迁徙到海洋继续成长发育,时间从6个月至5年不等。雌鱼选择产卵的地点,雄鱼则在旁边巡视,防御其他雄鱼。它们体外受精,卵子和精子几乎同时产出。在小鱼苗们被孵化的前几天,它们以吸食自己的卵黄囊维生。成鱼是肉食性鱼类,以多种水生无脊椎动物、飞虫、鱼类为食,偶尔也会摄食两栖动物。

虽然此鱼的数量丰富,不存在生存问题,但一些水域的水体污染也对它们的栖居地造成了影响。

斑点
斑点很圆,内部呈黑色或红色,外圈为白色。

行动
它们的动作敏捷、迅猛,可以跳出水面捕捉猎物

异域风情
现在全球各地都可以见到它们的踪影,已对本地物种造成了负面影响

父母的关照
在受精成功后,雌鱼会用碎石将鱼卵遮盖起来。

Hucho hucho
多瑙哲罗鱼
体长：0.7~1.5 米
体重：20~52 千克
保护状况：濒危
分布范围：多瑙河流域，并引入了其他欧洲河流域

多瑙哲罗鱼是鲑鱼类中体形最大的品种之一。栖息于清澈且含氧量多的河流和小溪及水流适度的冷水水域。属于群居性鱼类，会集体守卫领土。口大，牙齿呈圆锥形，非常锋利，可以捕食大型猎物，如鱼类、两栖动物、爬行动物、水禽以及小型哺乳动物。它们洄游至河流上游生殖繁衍。雌鱼和雄鱼会把受精卵遮盖好，小鱼苗们会在 25~40 天之内破卵而出。大约在 100 年前，它们遭受了一次重大的变故，导致数量大幅减少，而现在它们也处于濒临灭绝的状态。导致这种现状的原因是多种多样的。污染、砍伐森林导致的水温上升、游钓和商贸交易，尤其是水坝的修建，改变了它们的栖息环境，阻碍了其洄游的路线。

纤细的身形
体形呈圆柱形，体色为棕红色，并具有铜色光泽。

Oncorhynchus keta
大马哈鱼
体长：0.5~1 米
体重：8~15.9 千克
保护状况：未评估
分布范围：太平洋北部以及溪流沿岸

大马哈鱼与其他鲑鱼品种最大的区别就在于它们的背部和两侧上长有特殊的斑点。雄鱼鳍的端部像是被涂染了黑色的染料。成鱼栖息在海洋中，到性成熟后便会洄游至河流的上游。雌鱼会挖一个像井一样直径为 1 米、深为 0.5 米的巢穴，雌鱼将卵产在这里，授精完成后雌鱼便会把巢穴遮盖住。雌鱼和雄鱼双方便可与其他鱼继续交配，并建立新的巢穴。持续一个星期后，它们的生命也走到了尽头。小鱼苗们成群地游动至河口。在岸边生活几个月后，便自游向大海。它们会在浅海层活动，主要以桡足类动物、被囊类动物和磷虾为食。经过 3~4 年的成长发育后，它们会回到出生的河流中生殖繁衍后代。

外形的变化
随着年龄的增长，雄鱼身形也会随之变化，背部状似驼峰。

淡水雄鱼

淡水雌鱼

在海洋中的形状

阶段性
接近生殖产卵期的时候，它们的体色会发生变化。雄鱼会变为橄榄绿色，鱼身可见条状花纹，而雌鱼的颜色虽然不会改变，但体色会比之前暗淡

Prosopium williamsoni
山地柱白鲑
体长：15~70 厘米
体重：0.5~2.9 千克
保护状况：未评估
分布范围：北美洲

山地柱白鲑身形修长，口小，吻尖，体色通常呈银色，背部以及背鳍为深色调。栖息于水流湍急的湖泊和小溪中，以底栖动物如软体动物、水生昆虫幼虫、鱼类以及其他鱼类的卵为食。

Hucho taimen
哲罗鲑
体长：0.75~2 米
体重：13~105 千克
保护状况：未评估
分布范围：欧洲和亚洲

哲罗鲑的头部和鱼身两侧长有十字形或半月形的斑纹。栖息于山中的河流及富氧量高的冷水水域。以鱼类、爬行动物、两栖动物、啮齿类动物以及鸟类为食。领土保护意识极强。为了捕捉食物，成鱼会花大量时间藏在一个狭小的区域里。

Oncorhynchus mykiss
虹鳟
体长：0.6~1.2 米
体重：4~25.4 千克
保护状况：未评估
分布范围：太平洋北部，引入了所有的大洲

虹鳟中的一些个体生活在淡水水域，栖息于冷水的小溪、河流、湖泊中，以无脊椎动物为食。另一些则生活在海洋中，主要以鱼类和头足类动物为食。栖居在海洋和河流中的鱼类体色为银色，颜色偏淡但更加明亮。

Oncorhynchus nerka
红鲑

体长：84厘米
体重：7千克
保护状况：无危
分布范围：亚洲东北部以及北美西部和西北部

受精
当鱼卵落到石头上时，雄鱼开始授精。

红鲑是全球三文鱼种类中数量较庞大的品种，可见由数千只个体组成的鱼群。它们与其他品种的三文鱼最主要的区别在于鳍上无斑点，但是当它们进入产卵期时，身体就会发生显著的变化。它们之中有一种名为科尼卡的变种，其体形更小，不迁徙到海洋中。

食物
幼鱼以介形类动物、枝角类动物以及昆虫的幼虫为食。到了海洋中，则以距离水面20米左右的浮游生物为食，主要是甲壳类动物。成鱼还会以鱿鱼和其他鱼类为食。

威胁
由于过度捕捞、河流流向的改变以及孵化地点的管理不当等因素，它们中的一些群体正在减少。

贸易
人类对它们的需求量非常大，或以鲜鱼的形式交易，或是用盐腌制和熏制的方法，做成罐头或者冷冻后流入市场。

寻根
红鲑在海洋中生活5~6年后，三文鱼会回到自己出生的河流进行产卵繁衍。强大的嗅觉再加上视觉的应用，让它们具有了识别方向的能力。同时，也有人指出，它们是在地磁的引导下移动的，并具有辨别水的盐度的能力。在横渡过程中，它们必须克服非常大的障碍，为它们的生命而战斗。因为在此过程中，它们要逆流而游，向上跳跃以及躲避敌人，所以能量消耗非常大。

逆流而上
三文鱼需要游向河流的上游，而这一行为主要依靠尾部发达的肌肉组织来推动它们逆流而上。

洄游路线
红鲑的分布受海洋温度的限制。它们当中的一部分从太平洋洄游至美国和加拿大的河流流域，而另一部分洄游至阿拉斯加州和西亚地区。它们洄游的时间是在夏季，所抵达河流的最高海拔在1000米。

2~3
从河流游至海洋需耗时2~3个月

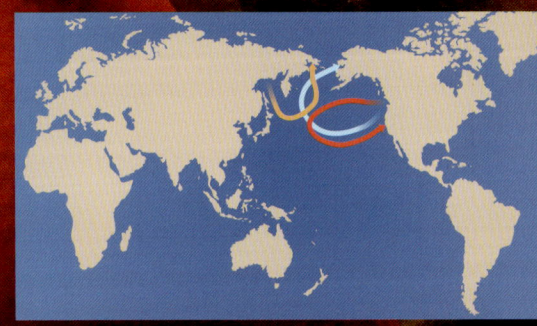

鱼类（上） 97

颜色
它们在海洋中呈蓝色和银色，但是在产卵的时候，体色则变为亮红色。头部为绿色。

转变
它们的下颌骨和下颌前端较长且呈弯曲状，这样的构造方便它们挖洞筑巢。

性别二态性
在产卵时期，雄鱼和雌鱼的体形是不同的，雄鱼的体色会变为艳丽的红色，颜色非常引人注目，背部会呈驼峰状。

6 年
从出生到生长为成鱼需要 6 年的时间。

生命的颜色
太平洋红鲑栖居在海洋中，但是它们会回到淡水中生殖产卵。每年都会进行洄游。产卵后不长的时间，成鱼便会死亡。它们的小鱼苗会在河中生活 1~2 年，然后回到父母生前栖居的海洋定居。

在河流中

1 逆流而上
为了抵达产卵的河流流域，它们需要从海洋向河流上游游动。在漫长的旅途中，它们随时可能成为猛禽以及肉食性动物的食物。

2 生殖繁衍
它们回到自己出生的地方，并在此产卵。雌鱼忙着筑巢，雄鱼们则忙着争抢伴侣。

3 产卵和受精
雌鱼可产 2500~5000 枚卵，雄鱼会找到那些落在石头上的鱼卵进行授精。

4 孵化
只有 40% 的卵可以被孵出，小鱼苗们在这里生活将近 2 年后，便会游向大海。

5 死亡
成鱼在艰辛的旅途以及产卵的过程中耗尽了能量，产卵后没几天便力竭而亡。

6 迁徙
年轻的小鱼们开始了它们向海洋迁徙的旅程，在旅途中，它们会面临猛禽以及肉食性动物的攻击和捕食。

在海洋中

7 新的居所
顺利抵达海洋后，它们可以在这里生活将近 4 年的时间，之后它们便要踏上洄游繁衍后代之路了。

- 美国
- 阿拉斯加州
- 亚洲

1600 千米
它们可以跨越 1600 千米长的距离去进行生殖繁衍。

Salvelinus fontinalis
美洲红点鲑

体长：86厘米
体重：9.4千克
保护状况：未评估
分布范围：北美洲东部

根据生活环境的不同，美洲红点鲑在习性上有很大差异。一部分栖息于清澈且含氧量高的小溪、冷水池塘及中型河流中，每年春夏两季洄游较短距离至上游。而另一些则栖居在海水中，俗称广盐性生物的鱼类，仍然只能溯河洄游至河流中产卵。为了产卵它们需要跨越非常远的距离。

美洲红点鲑以各式各样的无脊椎动物为食，随着年龄的增长会越来越喜欢吃鱼类。它们可以在水中捕食小型的脊椎动物，像蟾蜍、鲵、蛇以及啮齿类动物。生活在小溪中的鲑鱼们很早就会建立自己的领地，并加以积极保护，它们的这种行为也会根据所在环境的不同或是摄取食物的不同而发生改变。

在生殖繁衍期，雄鱼会向雌鱼求偶。当雌鱼接受后，它们会在底层选择一个地方挖洞筑巢，将卵产在巢穴中，而雄鱼则会在周围游动，一边用身上的鳍轻触着雌鱼，一边防御其他雄鱼的接近。之后，雌鱼和雄鱼会进入洞穴中产出卵子和精子，最后，雌鱼会用小石子将巢穴掩盖住。

决斗
它们不能忍受与其他冷水性物种共同生存，当它们需要和其他种类的鲑鱼争抢生态区位时，生存率会明显降低。

鲜明的色彩
背部和背鳍都是深绿色的，这也是它们与其他鲑鱼类的不同之处。其侧面也呈绿色，但颜色较浅。

斑点
呈灰白色或红色，边缘呈蓝色。

颌部
在生殖产卵期，雄鱼的下颌处形成钩状。

Salvelinus alpinus
北极红点鲑

体长：1~1.2米
体重：15千克
保护状况：无危
分布范围：北美洲北部沿岸、欧洲以及亚洲

北极红点鲑身上长有鲑鱼类典型的小斑点，呈红色或粉色。通常，根据时令、性成熟程度以及区域的不同，鱼体的颜色也各不相同。一些栖居在清澈的冷水湖泊及河流中的群体并没有洄游的习性，以底栖无脊椎动物以及浮游无脊椎动物为食。而那些溯河洄游的群体大部分时间在海洋沿岸生活，以鱼类为食。

Salvelinus namaycush
湖红点鲑

体长：1.5米
体重：32.7千克
保护状况：未评估
分布范围：美国西北部

湖红点鲑的鱼体颜色从深绿色至灰色不等，长有白色或黄色的小斑点。它们有不同的饮食习惯，有些群体的食物非常多样化（淡水海绵、甲壳类动物以及鱼类）；其他群体的食物则很单一，一生只以浮游生物为食，这种鱼生长缓慢，体形偏小，性成熟期比较早，寿命较短。20世纪中期，过度捕捞以及苏必利尔湖七鳃鳗（海七鳃鳗）的引进造成了湖红点鲑的数量急剧下降，在采取保护措施后才逐渐好转。

尾部特征
尾鳍分叉明显。

斑点
体色为绿色，背部和两侧带有乳白色斑点。

色彩
胸鳍、腹鳍和臀鳍的颜色由橙色向红色转变。

Thymallus thymallus
茴鱼

体长：60 厘米
体重：6.7 千克
保护状况：无危
分布范围：欧洲

茴鱼的体色为蓝色，并长有紫色条纹，两侧带有不规律的深色斑点。栖息于水流湍急且含氧量丰富的石底河流中，也会在一些清澈的湖泊中见到它们的踪影，也有极少数出现在咸水中的情况。它们居住在岩石后面的空隙中以及植物的阴影下。为了产卵，它们会进行短距离的迁徙。产卵时间一般为春季满月时。雄鱼们从一早便开始在产卵的地点守卫，在下午气温最高的时候与雌鱼交配，雌鱼将卵产在河底。小鱼苗们出生之后会在这里度过一段时间，以自身卵黄囊中的营养维生。

背鳍
从它们的体形来讲，背鳍尺寸较大，且边缘呈红色。

总量
此类鱼的数量庞大，但在一些地方由于污染的影响，它们的数量正在减少。

Salvelinus confluentus
强壮红点鲑

体长：0.91 米
体重：14.5 千克
保护状况：易危
分布范围：加拿大西北部以及美国

强壮红点鲑的腹鳍前部的空白处可见一条白线。在生殖产卵时期，雄鱼的体色会变得非常艳丽，腹部呈红色。栖息于湖泊和大型的河流中，这些湖泊与河流大部分都在有冰川和积雪的山上。它们长至性成熟后，便会进行远距离洄游，并将卵产在河流的支流中。小鱼苗们在那里出生和成长，停留时间一般是1~3 年。

南乳鱼及其亲缘鱼类

| 门：脊索动物门 |
| 纲：辐鳍鱼纲 |
| 目：胡瓜鱼目 |
| 科：14 |

生活在海水水域以及淡水水域中，除了少数几个品种外，大部分都在淡水水域中产卵。鱼鳍无鳍棘，有些品种长有脂鳍。

Mallotus villosus
毛鳞鱼

体长：20 厘米
体重：52 克
保护状况：未评估
分布范围：北极周边

毛鳞鱼的背部为橄榄色，腹部及两侧呈银白色。毛鳞鱼习惯群体生活，是中上层杂食性鱼类，以小型鱼类、桡足类动物、端足类动物以及其他浮游无脊椎动物为食。在春季的时候，性成熟的单鱼组成大型鱼群洄游至海岸边产卵，一般雄鱼先抵达产卵地点。有时，它们也会洄游至咸水区域，有些甚至游到了河的上游。

Galaxias maculatus
大斑南乳鱼

体长：19 厘米
体重：无数据
保护状况：未评估
分布范围：大洋洲以及南美洲南部

大斑南乳鱼的头小，鱼身细长，体色呈金绿色，头部以及两侧长有深色斑点，无鳞。栖息在近海的湖泊、溪流以及平静的河流中。以甲壳类动物以及陆生昆虫和水生昆虫为食。成鱼栖居在淡水中，游至下游河口产卵，不会游入大海。大量成鱼在产卵后死亡，但有一些可以再活一年的时间。

Aplochiton taeniatus
条斑单甲南乳鱼

体长：33.4 厘米
体重：无数据
保护状况：未评估
分布范围：安第斯南部

条斑单甲南乳鱼属于南乳鱼科，但形态更接近鲑科鱼类。体色为绿褐色，两侧呈银色，腹部为乳白色。雌鱼体形比雄鱼大。可见与全身等长的侧线。主要栖息于湖泊中，可向海洋和河流两种方向洄游。以昆虫和甲壳类动物为食。外来鲑鱼品种的引入以及其群体的不稳定性是它们面临的最大威胁。

白斑狗鱼及其亲缘鱼类

门:	脊索动物门
纲:	辐鳍鱼纲
目:	狗鱼目
科:	2
种:	12

栖息于北半球北方地区的淡水水域或咸水水域中,一般所在的水域岸边都有着茂盛的植被。体形较大,身体和面部细长,口阔,齿多且锋利,尾部分叉,身披大量细鳞,鳍无棘刺。它们是贪婪的肉食性鱼类,偷偷埋伏,伺机而动,以鱼类和无脊椎动物为食。

Esox lucius
白斑狗鱼
体长:40~150厘米
体重:5~35千克
保护状况:无危
分布范围:北美洲和欧亚

白斑狗鱼是淡水中的捕食者,鱼体细长,头部非常发达,眼大,脸扁平,口阔,颌骨上长有锋利的牙齿,有鳃弓和舌头。背鳍位置非常靠后,接近腹鳍位置。背部与两侧为褐绿色,布满了斑点以及清晰的线条,腹部呈白色。栖息于清澈的河流、湖泊以及水库中,适宜水温为10~28摄氏度,而且岸边最好有大量植物可供容身、保卫领地及产卵。在隆冬时节,雌鱼会产下大量的卵子,每千克约有3.6万枚卵子,数量远远大于雄鱼的排精量。它们以鱼类、蟹类、两栖动物、鸟类、小型哺乳类动物为食,甚至吞食自己产下的小鱼苗以及幼鱼。它们会用很长时间偷偷地跟踪猎物,然后快速地将它们捕食。它们被引进到澳大利亚和新西兰后,对当地物种,包括两栖动物、爬行动物和水鸟都造成了很大威胁。

领地
它们会用粪便来标记领土,同时根据信息素加以辨识。

嘴
它们的嘴很宽,可以捕食体形较大的猎物

Esox masquinongy
北美狗鱼
体长:90~150厘米
体重:5~30千克
保护状况:无危
分布范围:北美洲

与白斑狗鱼很相像,北美狗鱼为杂交品种,体色在银色至绿色之间变化,两侧长有纵向深色条纹。栖居于清澈平缓的湖泊中,以植物或岩石遮挡身体,不断地在自己的地盘上巡视觅食。以鱼类、甲壳类动物、两栖动物、幼鸟、蛇类以及小型啮齿动物为食。春季的时候,雌鱼会在雄鱼的地盘上产卵,它们将卵产在底部的沙土或岩石上。幼鱼有可能成为成鱼或者其他狗鱼、河鲈以及鸟类的猎物。

Esox reicherti
黑斑狗鱼
体长:50~110厘米
体重:2~16千克
保护状况:未评估
分布范围:亚洲东北部

黑斑狗鱼仅栖息于黑龙江流域以及库页岛,但已被引进美国。同其他狗鱼很相似,只是鳞片比较细小,头部也完全被覆盖,两侧为灰绿色,鳍上长有黑色圆点。生活在平静宽广且植被较少的河流和湖泊的沿岸。以各式各样的鱼类为食,尤其是鲫鱼(*Carassius auratus*)。

Esox niger
暗色狗鱼
体长:60~76厘米
体重:1~2千克
保护状况:未评估
分布范围:北美洲东部

暗色狗鱼的背部呈橄榄绿色或黄褐色,腹部为乳白色。两侧有深色链条式的图案。下颌突出并长于上颌,且长有4个感官孔。栖居在富含植物的淡水水域,便于它们潜伏其中,并快速捕食经过的鱼。12月至次年2月为产卵期,卵呈链状黏附在植被上由雄鱼授精。

深海鱼

门：	脊索动物门
纲：	辐鳍鱼纲
目：	巨口鱼目
科：	4
种：	321

深海鱼为小体形的鱼种，身体侧扁，身形较高。栖息于全球各大洋500~2000米深的水域中。属肉食性鱼类，嘴和身体都具有扩张性，可以吞噬体形较大的猎物。它们长有发光器官，可以躲避阴影，防止敌人的袭击。卵生。

Argyropelecus hemigymnus
半裸银斧鱼

体长：3~5厘米
体重：无数据
保护状况：无危
分布范围：全球性

半裸银斧鱼生活在200~1000米深的海洋环境中。白天它们在350~550米深的区域栖息，夜晚上升至150~380米深的水域，常常会将自己搁浅在沙滩上。鱼体为闪亮的银色，但晚上体色会变为暗色调。头部和腹部具有完整的发光器官，带有透镜和反光膜。雄性体形较小。它们是伺机捕食者，行动敏捷，日落时分觅食，以桡足类、鱼类、海洋蠕虫以及鱼卵为食。同时，它们也会是其他鱼类的食物，像是鲯鳅（*Coryphaena hippurus*）以及欧洲无须鳕（*Merluccius merluccius*）。卵生，体外受精。

Argyropelecus affinis
长银斧鱼

体长：2.7~8.4厘米
体重：无数据
保护状况：未评估
分布范围：全球性

长银斧鱼栖息于水深300~600米的中层水域。在各大海底突起地貌中均可见到它们的身影，尤其是热带和亚热带区域。体形小，侧扁，眼大并向上，嘴同眼一样，大且向上。因为栖居的地方光线非常稀少，所以它们的视觉功能异常发达。背部呈深色，两侧为银色。头部和身体都具有点状的发光器官。它们的食物既包括体形很小的桡足类以及介形类动物，也包括体形较大的磷虾、樽海鞘和毛颚虫。

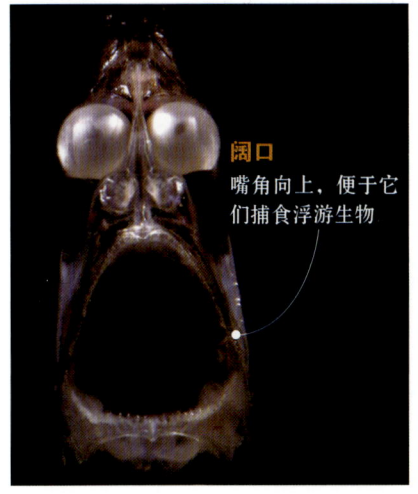

阔口
嘴角向上，便于它们捕食浮游生物

Sternoptyx pseudobscura
拟低褶胸鱼

体长：5~6厘米
体重：无数据
保护状况：未评估
分布范围：全球性

拟低褶胸鱼身体长而高、侧扁，眼睛位于两侧，嘴向上，舌面上长有小结节。背部呈深色，两侧为银色。尾鳍底部可能会有一个狭窄的色带，臀鳍上还长有一个三角形透明的薄膜。腹部、眼部以及身体都带有发光器官。

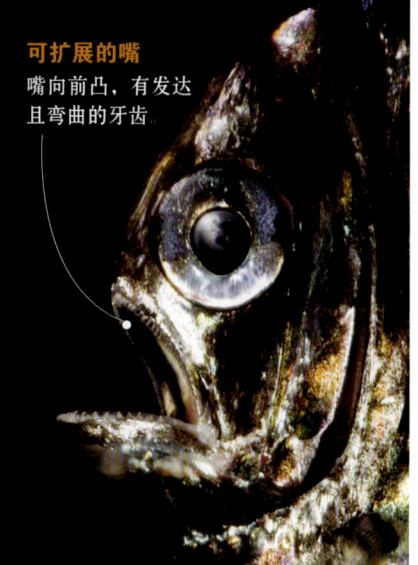

可扩展的嘴
嘴向前凸，有发达且弯曲的牙齿

Gonostoma elongatum
长钻光鱼

体长：27.5厘米
体重：无数据
保护状况：未评估
分布范围：全球性

长钻光鱼为深海鱼，栖息于距海岸600～3000米的海域，身体细长，从头部至尾部逐渐变细，尾部呈尖状。白天潜伏在深海，晚上会浮到水面附近活动。体色主要为黑色，两侧为银色，鳍端部的颜色深于整个鳍的主色调，臀鳍和胸鳍的一些部位是无色的。它们以小型鱼类和甲壳类动物为食。在头部和鱼体下半部有呈直线状排列的发光器官，可以发出绿色或红色的光。由于它们居住的深海区域无法见到光线，因此才拥有了此种特性。属于卵生鱼类，雌雄同体，具有雌雄两种生殖性器官，自交繁殖。

贪婪迅猛
口裂大，可以捕食大型猎物，即使同它们自身体形一样的猎物也不在话下。

Diplophos taenia
细双光鱼

体长：20厘米
体重：无数据
保护状况：未评估
分布范围：全球性

细双光鱼中等体形，鱼体较长，前部较后部厚实，口大。背鳍的鳍条较少（10～11根鳍棘），后臀鳍很长，从腹部的中部一直延伸至尾部（59～72根鳍条）。尾鳍、前臀鳍以及胸鳍较小。体色为黑色，两侧侧线延至全身。白天时，栖息于大约1500米深的深水中，日落后它们会上浮活动，有时可到达水面。它们的发光器官构造复杂。主要以磷虾为食，有时也会互相残杀，它们所捕食的猎物有时比自己的体形还要大。

Vinciguerria attenuata
狭串光鱼

体长：4.6厘米
体重：无数据
保护状况：未评估
分布范围：全球性，两极地区除外

狭串光鱼出没于温带海洋100～2000米深的辽阔水域中。像大多数深海物种一样，成鱼和幼鱼都会在海洋中进行垂直洄游。

其惊人的适应机制可以让它们承受深海中巨大的压力，也可以让它们在没有光的情况下成长。然而在没有光的环境中，无论是捕食猎物还是躲避捕食者都是很困难的事情。它们以小型甲壳类动物为食。身形呈圆柱形，身体上半部为暗灰色，下半部呈银灰色。与身体相比，头部和眼睛较大。背鳍上长有13～15根鳍条，胸鳍16～18根，臀鳍的鳍条数在13～16根之间。具有发光器官。它们最主要的敌人是鲯鳅，俗称"鬼头刀"。

Melanostomias biseriatus
双光黑巨口鱼

体长：25厘米
体重：无数据
保护状况：未评估
分布范围：非洲和美洲的大西洋海域

双光黑巨口鱼体色在黑色与深棕色之间，栖息于北纬35度至南纬22度之间的太平洋海域，栖息深度为620～760米。它们的身形细长，体后部有些扁平。背鳍和臀鳍位置靠后，成对生长。背鳍的鳍条有13～16根，臀鳍则有17～18根。腹鳍和胸鳍非常小（分别有5～7根鳍条）。身体下部具有两排平行的发光器官，一侧一排，能发出惊人的亮光，让捕食者不敢靠近。口中上颌骨和前颌骨处都长有长长的牙齿，易碎。眼部无发光器官。

大口
口裂大，超过了眼睛。

诱饵
下巴上长有一条长长的胡须，作为诱饵捕捉猎物。

鱼类（上）

Lampadena luminosa
发光炬灯鱼

体长：20 厘米
体重：无数据
保护状况：未评估
分布范围：全球性

光保护
发光器官位于尾巴周围，当遭到攻击时，可以用来混淆敌人。

修长的身形
纤细、扁平。

发光炬灯鱼栖息于温带海面与海底之间温暖的中层水域。解剖和生理构造中均可见其发光器官，它们是生活在较接近水面区域的中层鱼类，通常活动范围在 50~850 米深的水域。体色艳丽，以黄色为主，头部颜色较深。鳍片以这种方式构成：臀鳍具有 13~15 根鳍条，胸鳍有 15~17 根，背鳍的鳍条数在 14~15 根之间。它们的身形不像典型的深海鱼。主要的敌人是多种海豚。

Echiostoma barbatum
单须刺巨口鱼

体长：36 厘米
体重：无数据
保护状况：未评估
分布范围：全球性

单须刺巨口鱼栖息于温带的温暖水域。鱼体呈纺锤形，前部较厚，头大且是身体最厚的部位。背鳍和臀鳍为对生，位于身体偏后的位置，几乎与尾鳍连接。小小的前臀鳍仅有几根鳍棘。体色为灰色，带有先进的发光机制，可用于吸引猎物。

Coccorella atlantica
大西洋谷口鱼

体长：18.5 厘米
体重：无数据
保护状况：未评估
分布范围：全球性

大西洋谷口鱼栖居于 50~1000 米深的海洋环境中。鱼体细长，头大，体色为深褐色或黑色。背鳍小，有 11~13 根鳍棘。胸鳍比较突出。

它们的牙齿长而有力，便于捕食猎物，以小型鱼类、甲壳类动物以及软体动物为食。

Chauliodus sloani
蝰鱼

体长：30~35 厘米
体重：无数据
保护状况：未评估
分布范围：全球性

蝰鱼属于海洋性鱼类，栖息深度非常深，在 300~4700 米。体色为黑色或深灰色，并带有银色或蓝色的光泽。全身被鳞片覆盖，一般背鳍有 6 根鳍条，前臀鳍的鳍条数大约为 13 根，相当于背鳍中最长的鳍棘的长度。腹部两侧有色素区域，具有一个或多个发光器官。

它们用巨大的牙齿捕食，以鱼类和甲壳类动物为食。它们的敌人主要是金海豚、弗氏海豚、三个品种的鳕鱼（无须鳕属）以及橘棘鲷。卵生，冬末春初为产卵期。

可以栖息于温暖水域，也可生活在寒温带水域（两极附近除外）。

比例失调
头部超大，与身体不成比例。

狩猎
它们非常贪婪，行动迅猛，除了超大型猎物以外，栖息于各种水深的猎物均可捕食。

Odontostomops normalops
常眼齿口鱼

体长：12 厘米
体重：无数据
保护状况：未评估
分布范围：几乎分布在所有的海域，印度洋东部、地中海以及太平洋中一小部分水域除外

常眼齿口鱼栖居于温暖的温带水域，主要以鲦鱼、甲壳类动物以及软体动物（大部分为头足类）为食。它们是雌雄同体，同步生殖繁衍。鱼体细长，鱼鳍较大。

带鱼

- 门：脊索动物门
- 纲：硬骨鱼纲
- 目：月鱼目
- 科：7
- 种：19

它们为海洋鱼类，体形大得惊人。体色为银色，鳍片的色彩丰富，大部分品种遍布全球所有海水水域。它们最大的特点就是鳍片上无鳍棘。它们是唯一上颌外突的鱼类。上颌可以随意滑入、滑出前颌骨。

Regalecus glesne
皇带鱼

体长：8~11米
体重：272千克
保护状况：未评估
分布范围：大西洋、印度洋以及太平洋

皇带鱼无背棘。鱼体全身呈银灰色，具有蓝黑色条纹以及黑色斑点。背鳍为赤红色，有260~412根软鳍条。腹鳍为长鳍条状。栖息于亚热带海域，能够在水下1000米的深度生活。无鱼鳔。它们以磷虾等甲壳类动物、小型鱼类以及鱿鱼为食。7月和12月为产卵期，小鱼苗在水面可见。它们渐渐地以直线的形状成长，幼鱼时已经出现典型的特征了。虽然它们没有很大的商业价值，但人们还是对它们进行围网捕捞，新鲜贩卖。

记录
是记载中最长的硬骨鱼类。

Lampris immaculatus
无斑月鱼

体长：110厘米
体重：30千克
保护状况：未评估
分布范围：南半球（极地）

无斑月鱼的鱼体近似圆形，侧扁，全身被细小的鳞片覆盖，体色为银蓝色，并带有许多白色斑点。鳍尖，为艳丽的橙红色。眼大，口小。它们栖息于近海及远洋水域，栖息深度为50~485米。以磷虾等无脊椎动物、鱿鱼以及一些小型鱼类为食。游动时胸鳍随之舞动并辅助其前进，与金枪鱼（金枪鱼属）以及鲭科鱼类组成鱼群一起行动。它们是大白鲨（*Carcharodon carcharias*）等大型鲨鱼捕食的猎物。

Stylephorus chordatus
鞭尾鱼

体长：28厘米
体重：无数据
保护状况：未评估
分布范围：热带和亚热带海洋

鞭尾鱼的鱼体细长，两侧呈银色，背部为浅灰色，头部是深紫色。尾鳍非常长且开叉，长度可以达到身体的3倍。属于中层鱼类，夜晚在深度为300~600米之间的水域活动，白天在深度为625~800米的区域活动，在全球热带和亚热带水域均有分布，一个昼夜大概可进行200~300米的垂直迁移。呈直立状游动，眼睛像一副望远镜，可伸缩，可在昏暗的环境中捕食猎物。体色一般为浅色或是绿色。

它们以浮游生物为食，主要是桡足类。它们通过吸水捕捉猎物，然后利用鳃将水排出，同时将食物吞噬。它们的牙齿很小，无鱼鳔。

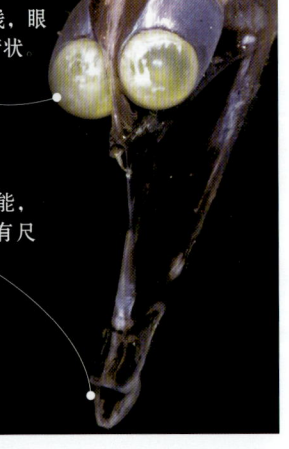

大眼睛
为了探测光线，眼睛的形状呈管状

小嘴巴
具有伸缩功能，能扩撑至原有尺寸的30倍

Trachipterus altivelis
高鳍粗鳍鱼
体长：1.83 米
体重：无数据
保护状况：未评估
分布范围：太平洋东部

高鳍粗鳍鱼幼鱼身体为闪光的银色，侧线上面长有深色的斑点。腹鳍呈直立状，颜色为胭脂红。背鳍前 5 根鳍条又细又长，但会随着年龄的增加而变短。成鱼的体色呈较浅的银色或绿色，鳞片周围有淡淡的斑点，背鳍的端部颜色较深，鳞片易脱落。无臀鳍，胸鳍小，幼鱼的腹鳍细长。尾部不对称，只有一个垂直立在身体上的叶瓣。眼睛大，可以适应黑暗的环境，栖息于海洋中，最深可达 900 米的深度。幼鱼期以小型节肢动物以及小鱼苗为食，成年后可以摄食小型浮游鱼类、鱿鱼以及章鱼。卵生，鱼卵和小鱼苗都呈浮游状态。

大眼睛
特别用于在深海中寻找光线

俗称
由于体形为带状，所以俗称"带鱼"

Metavelifer multiradiatus
棘鳍后旗月鱼
体长：28 厘米
体重：无数据
保护状况：未评估
分布范围：太平洋和印度洋

棘鳍后旗月鱼身体侧扁，背鳍有 21~22 根鳍棘、20~23 根软鳍条；臀鳍有 17~18 根鳍棘，另外还有 16~18 根软鳍条。背鳍和臀鳍的前几根鳍棘具有回缩功能，可收折在鳞鞘内。它们是中层海洋生物，据记载，活动深度范围为 40~240 米。

Eumecichthys fiski
真冠带鱼
体长：1.5 米
体重：无数据
保护状况：未评估
分布范围：大西洋、太平洋和印度洋

真冠带鱼的鱼体裸露，或是覆盖着易脱落的小圆鳞。头部和身体均呈银色，长有 24~60 根深色垂直条纹。背鳍和尾鳍为赤红色。头部长有一个类似角的突起。它们身体携带一个墨囊，可在泄殖腔打开，用于防卫，功能与章鱼的类似。

Velifer hypselopterus
旗月鱼
体长：40 厘米
体重：无数据
保护状况：未评估
分布范围：印度洋和太平洋

旗月鱼的鳍非常发达，尤其是背鳍，它的学名就源自于此（*Veli* 意为帆，*fer* 意为携带，所以 *Velifer* 意为携带着帆）。背鳍有 1~2 根鳍棘、33~34 根软鳍条；臀鳍有 1 根鳍棘、24~25 根软鳍条；胸鳍的鳍条数为 8~9 根。身体两侧扁平，腹部颜色较深（蓝色），并带有纵横交错的深色条纹，这种情况在许多中上层鱼类中是很容易观察到的。有鱼鳔，可拉伸至肛门，具有鳃条骨，总椎骨数可达 33~34 根。

它们是热带海洋底栖鱼类，栖息深度可达 110 米。可能是卵生鱼类，小鱼苗呈浮游状态。

它们会随商业捕鱼活动的渔网一起顺带被捕捞。

Zu cristatus
冠丝鳍鱼
体长：1.18 米
体重：无数据
保护状况：未评估
分布范围：大西洋、太平洋和印度洋

冠丝鳍鱼的鱼体细长，被易脱落的小圆鳞覆盖，腹部轮廓为波浪形。背鳍无鳍棘，有 120~150 根软鳍条。臀鳍既无鳍棘也无软鳍条。它们拥有 62~69 根椎骨。幼鱼体色为银色，背部长有 6 条竖线，腹部长有 4 条竖线，尾柄上可见 6 个完整的黑色线圈。成鱼体色为银灰色，腹侧颜色更加暗淡。背鳍和胸鳍较长，颜色为红色，尾鳍为黑红色，越接近尾端颜色越暗。它们是深海鱼类，栖息深度可达 90 米，在全球均有分布。成鱼以小型鱼类、甲壳类动物以及嘴巴可伸缩的鱿鱼为食。卵生，小鱼苗像浮游生物一样。游动时头竖起，尾巴向下。

小鱼苗
刚出生的小鱼苗眼睛有色素沉着，背鳍和腹鳍较长

洞穴鱼

门：	脊索动物门
纲：	硬骨鱼纲
目：	鲑鲈目
科：	3
种：	9

洞穴鱼属硬骨鱼类，包括假鲈鱼。此名称的由来是它们的身形近似于真正的鲈鱼。它们栖息于内陆水域，体形较小，身长在5~20厘米之间，背鳍有软鳍条，具有6个鳃裂。虽然各个品种的外形千差万别，但它们的内部特征基本是一样的。

Percopsis omiscomaycus
鲑鲈

体长：8.8~20厘米
体重：无数据
保护状况：未评估
分布范围：北美洲

鲑鲈的体色会随性状态的不同而变化，从淡黄色到银色不等，甚至可以呈透明无色状。背部有一条由10个黑斑点组成的线条，侧线上也可见斑点。鳍片透明，脂鳍长有细细小小的棘刺。栖息于湖泊、深潟湖、小溪以及河流中，常常会搁浅在沙滩上。夜间会在湖泊的浅层区觅食，主要以鱼类、甲壳类动物、昆虫以及浮游植物为食。4月和8月为产卵期，两条雄鱼和一条雌鱼共同生殖产卵，繁衍过程结束之后便会死亡。

Typhlichthys subterraneus
南方盲鮰鲈

体长：5~9厘米
体重：无数据
保护状况：易危
分布范围：美国东南部

南方盲鮰鲈的头部又宽又长，眼睛不可见。鳞片退化为皮肤覆盖在身体上。栖息于临近密西西比河两边的地下水位洞穴的泉水处。以桡足类、端足类动物、等足类动物、昆虫以及蠕虫为食。它们可以在缺乏食物时，通过减缓新陈代谢为生。当4~5月水位上升的时候，它们进行产卵受精，雌鱼产卵量不超50枚。虽然它们的寿命只有4年，但是生长非常缓慢。长到性成熟需要2年的时间。对光线无反应。

色素
只有离开栖息地暴露于可见光的时候可见。

Chologaster cornuta
亮鳉

体长：4~6.8厘米
体重：1.3千克
保护状况：未评估
分布范围：北美洲东南部

典型的双色鱼体，上半部为深棕色，下半部为白色至浅黄色。头部扁平，长有橙色或黄色的斑点，眼小。鳃部为粉色，非常显眼。夜行性动物。栖息在植物生长茂密的沼泽、潟湖、水流缓慢的河流以及带有树荫的小溪中，常在植被和泥底质附近出现。它们以小鱼苗、介形类以及桡足类动物为食。3~4月中旬为产卵期，雌鱼产卵量可达430枚，产卵后便会死去。

线条
身体两侧各有3条条纹线条

Aphredoderus sayanus
喉肛鱼

体长：10~14厘米
体重：无数据
保护状况：未评估
分布范围：北美洲东南部

喉肛鱼体短，头大，颌骨突出。无脂鳍，无侧线或侧线不完整，头部两侧被齿鳞覆盖。它们栖息于水流平缓且安静的区域，如沼泽、潟湖、蜿蜒中断的小溪以及回水河流中。它们在日落后出动，以昆虫、藻类、鱼类以及甲壳类动物为食。

针鱼及其相关鱼类

门：	脊索动物门
纲：	硬骨鱼纲
目：	颌针鱼目
科：	5
种：	191

本组鱼类包括针鱼、鱵鱼、飞鱼以及其他鱼类。栖息于水表面附近，以藻类、浮游植物以及其他动物（取决于动物的大小）为食。大部分为海水鱼，但有些鱼种栖居于淡水中。鱼体细长，这组鱼类中的很多成员具有长长的颚部和锋利的牙齿。

Ablennes hians
横带扁颌针鱼

体长：70~140厘米
体重：4.8千克
保护状况：未评估
分布范围：热带周围，温暖的海洋

横带扁颌针鱼栖息于珊瑚礁周围3米深的水域中。背部色调为深蓝色，腹部为银色。身体中间部位有黑色斑点，身体侧扁。臀鳍、背鳍以及胸鳍位于身体后部，呈直线排列，其叶瓣为镰刀形。全身长有12~14条竖线。眼睛非常大。

它们的身影经常以大型鱼群的形式出现在岛屿、河口、沿海河流、大沙洲附近，以小型鱼类为食。

卵生，鱼卵会通过细丝紧密地粘连在一起沉入水底。

无人问津
因为它们的肉呈绿色，不能吸引消费者，所以它们在商贸交易中很少出现。

Belonion apodion
小颌针鱼

体长：5厘米
体重：无数据
保护状况：未评估
分布范围：南美洲亚马孙河流域

小颌针鱼生活在底中水层，是针鱼类中少数在栖居于淡水的品种。在它们黑色的大眼睛外有一圈明显的标记。背部为金黄色，腹部为银色，有一条贯穿整个体腹的黑色条纹，胸鳍为透明状。尾巴和臀鳍相对较小。卵生，鱼卵通过特殊的细丝状物质粘连在一起漂浮在水中。因为它们体形较小，所以以浮游生物、昆虫为食，有时也会摄食碎屑。

Belone belone
欧洲腭针鱼

体长：45~93厘米
体重：1.3千克
保护状况：未评估
分布范围：欧洲和非洲北部沿岸

欧洲腭针鱼的鱼身全部为银色，骨骼为绿色。与身体相比，颌部不长，但下颌比上颌宽。齿大，稀疏地排布在口中。它们栖息于海水水域，以及咸水水域的沿岸区域。生活于水表面，属于洄游性鱼类。以小型鱼类为食。卵生，在藻类茂盛的区域产卵。

Tylosurus choram
红海圆颌针鱼

体长：70~120厘米
体重：1.3千克
保护状况：未评估
分布范围：印度洋、地中海东部

颌部
轻微向上弯曲

红海圆颌针鱼栖息于海洋的中上层，主要栖息地在红海的阿曼湾。苏伊士运河的修建扩展了它们的栖息环境，使其延伸到了地中海。

鱼体细长，全身银色，有一条深色的侧线。臀鳍和背鳍都有两个镰刀形的叶瓣。如该目的其他鱼种一样，臀鳍和背鳍位于身体后部。

卵生，用其锋利的牙齿捕食，以各式各样的小型鱼类为食。

Cheilopogon pinnatibarbatus
翼髭须唇飞鱼

体长：25~40厘米
体重：无数据
保护状况：未评估
分布范围：印度洋和太平洋温暖水域

翼髭须唇飞鱼是现存飞鱼种类中体形较大的品种之一。体色为金属蓝，背部与腹部颜色较浅。它们的体形像缩小版的三文鱼，不一样的是它们的胸鳍较大，这也是该属鱼类的特点。它们的胸鳍被薄膜覆盖，也被误称为翼。背鳍上长有一片特殊的黑色区域。正是在这些发达的鱼鳍的帮助下，它们可以以40~50km/h的速度跳出水面。在面对敌人的捕食时，它们常常使用这项技能逃跑。它们的活动范围可至20米深的水域。夜间活动觅食，主要以浮游生物为食，也会摄食甲壳类动物以及无脊椎动物。经常可以在远离海岸的水面上见到它们的身影。雄鱼的数量远远多于雌鱼。

适应
像所有飞鱼类品种一样，它们的眼睛是平的，方便它们跳出水面时更好地看清环境。

Cheilopogon melanurus
黑尾须唇飞鱼

体长：25~32厘米
体重：无数据
保护状况：未评估
分布范围：大西洋沿岸

黑尾须唇飞鱼如其他飞鱼一样，它们的体形呈圆柱形，尾巴很长。大大的胸鳍和尾鳍可以推动它们跃出水面，跳跃长度可达25~32厘米，速度很快，每小时可达30千米，可以"飞行"12米。背部为绿色，腹部发白或呈银色。它们栖息于浅海的上层水域，经常出现在沿岸附近的水面上。卵生，6月和8月为其产卵期。

大大的鳍片
它们的腹鳍和胸鳍看起来像是4只大大的翅膀。

Hirundichthys oxycephalus
尖头细身飞鱼

体长：18厘米
体重：无数据
保护状况：未评估
分布范围：印度洋和西太平洋温暖水域

尖头细身飞鱼的身影出现在不超过20米深的水域中，栖息于浅海的上层。颌部很短，发达的牙齿在口中整齐地排成一排。它们的鳃部也非常发达。鱼体的背部为深蓝色，下部颜色偏浅，呈白色。胸鳍为黑色，带有一条深色的横带。它们会在水面摄食。

Hirundichthys speculiger
细身飞鱼

体长：30厘米
体重：无数据
保护状况：未评估
分布范围：全球性，世界温带温暖水域

水中羽翼
胸鳍像翅膀一样，可滑翔50米的距离。

细身飞鱼的身体略侧扁，体色为深色系，身体上半部具有蓝色彩虹光泽，腹部为银白色。它们的背鳍和尾鳍为灰色，尾鳍略深，其他鳍片呈淡黄色。幼鱼的鳍片上长有斑点，且无触须。牙齿呈3排在口中排列。眼睛大。栖息于浅海上层的水域，最深可至20米。它们的产卵量极大，由细丝状物质粘连在一起呈团状，并黏附在水中的漂浮物上。无重要商业价值。

空气和水
它们是海洋中的游泳健将，速度极快。但当遇到危险时，就会跳出水面，展开胸鳍"飞翔"。

Xenentodon cancila
异齿颌针鱼

体长：30~40 厘米
体重：无数据
保护状况：无危
分布范围：东南亚、印度和斯里兰卡

异齿颌针鱼属于浅海上层鱼类，栖息于咸水和淡水水域，最常见于河流中，但也有些栖息于潟湖、运河以及其他内陆水域。鱼体细长，侧扁。背部为银绿色，至腹部渐成白色。成鱼的胸鳍和臀鳍上长有4~5个深色斑点，边缘也呈深色。下颌比上颌略长。

它们以甲壳类动物、其他鱼类以及青蛙为食。它们通常处于潜伏状态，等到猎物出现时，快速出击。

卵生，雌鱼将卵产在底层，产卵数量在12枚左右。产卵后，雌鱼和雄鱼均不负责照顾它们，受精卵一般1周左右孵出。

危险
它们长有一张阔口，可以以极快的速度捕食比自己体形大的鱼类。有资料记载，它们曾用牙齿咬伤过人类。

牙齿
牙齿尖锐。

两侧
明显的深色侧线。

Nomorhamphus liemi
利氏正鱵

体长：6~10 厘米
体重：无数据
保护状况：未评估
分布范围：印度尼西亚南苏拉威西

利氏正鱵栖息于水流湍急的浅水水域，其最高海拔可达到1250米。雌鱼的体形远大于雄鱼。像此属的其他鱼种一样，胎生，体内受精。雄鱼具有一个特殊的备用鳍用于交配。它们一次性产下的幼鱼不超过20条，而且出生时体形就相对偏大。雄鱼的体色比雌鱼鲜艳。主要以飞虫为食，吻短，且向下弯曲，看起来像长着胡须。鱼体的颜色丰富多彩。

Hemiramphus far
斑鱵

体长：30~45 厘米
体重：无数据
保护状况：未评估
分布范围：温暖的海洋，尤其是亚洲东部和东南部

斑鱵的下颌远长于上颌，背部为蓝色，两侧呈银色，并带有3~9条竖条纹，这一特性是该种鱼类共有的。它们以鱼群的形式出现，在沿岸水生植被附近活跃，以海草、海藻以及硅藻为食。因为在商贸中对它们的需求没有其他鱼种大，所以还没有受到频繁捕捞。在河口水域产卵。

Dermogenys pusilla
皮颏鱵

体长：5~7 厘米
体重：无数据
保护状况：未评估
分布范围：东南亚

皮颏鱵栖息于浅水沿岸平静的咸水水域和淡水水域。鱼体薄且细长，略侧扁。通常体色为褐色，两侧呈绿色，鳍片为红色或黄色。下颌明显突出，并可移动。上颌与头骨相连，可联动。尾鳍总体呈椭圆形，前背鳍与腹鳍呈一条直线，后背鳍与臀鳍并排。它们在水面捕食，以昆虫、小型甲壳类动物以及蠕虫为食。

属于胎生鱼类，体内受精。孕期时间会根据温度的不同而变化，温度越低，时间越长。

Hyporhamphus dussumieri
杜氏下鱵鱼

体长：19~38 厘米
体重：无数据
保护状况：未评估
分布范围：东南亚

杜氏下鱵鱼活跃于岛屿、珊瑚礁以及沿海潟湖附近，尤其是在东南亚、澳大利亚以及附近的群岛地区。它们上颌短，呈三角形，鳞片极为明显，尾巴呈楔形，其下瓣略长于上瓣。鱼体为银色，背部颜色较深，腹部较浅。它们是无害的，是潜水区域中的常客。

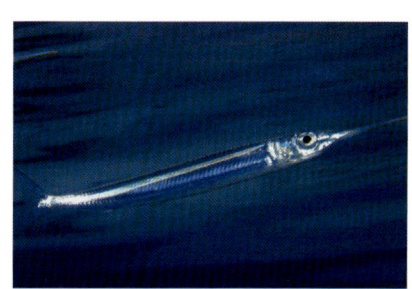

季节性鱼

门：	脊索动物门
纲：	硬骨鱼纲
目：	鳉形目
科：	8
属：	807
种：	1118

季节性鱼栖息于水生环境，在干旱的季节，它们需要寻找其他地方栖息。此类鱼中有一大部分是胎生鱼类，还有一些是卵生以及卵胎生鱼类。它们具有鳍脚或生殖器官，既可以进行体外受精，也可以进行体内受精。具有性别二态性，雄鱼的体色通常非常艳丽诱人，因此，它们也是重要的观赏鱼类之一。

Fundulopanchax gardneri
蓝彩鳉
体长：6.5厘米
体重：无数据
保护状况：近危
分布范围：非洲

蓝彩鳉色彩艳丽，鱼体上长有五颜六色的斑点。在自然界中，虽然它们的体色各不相同，但基因上都同属于一类物种，可自由杂交。它们具有性别二态性，在雄鱼的眶后骨处有3条红色斜线，雌鱼的体形与雄鱼相似，只是尾巴上有许多竖线条。栖息于非洲内陆水域和热带水域中，比如潮湿的热带草原及高海拔的热带丛林中的小溪和沼泽。它们属于底中层鱼类，不进行洄游。卵生，鱼卵孵化时间较长。它们五彩斑斓的体色非常引人注目。

生殖繁衍
像其他旗鳉属、底鳉属以及溪鳉属一样，它们也将鱼卵随意地产在水中。

Austrolebias alexandri
亚历山大澳小鳉
体长：9厘米
体重：无数据
保护状况：未评估
分布范围：南美洲

亚历山大澳小鳉的鱼体呈鱼雷形，侧扁。雄鱼体色为蓝绿色，并带有黑色的纵向细线，鳍不成对，上面长有许多小斑点。雌鱼像所有澳小鳉属鱼类一样，体色为褐色并带有深色斑点。虽然它们是同种鱼类，但个体差异非常大。一年产一次卵，雌鱼在接受雄鱼的求偶后，会将产下的卵埋在底层，雄鱼也会将精子埋进去。需要2~3个月的时间，小鱼苗才能被孵化出来。

Fundulopanchax sjostedti
斯氏底鳉鳉
体长：13厘米
体重：无数据
保护状况：无危
分布范围：非洲

斯氏底鳉鳉栖息于淡水底中水层，非季节性鱼类。尾鳍的下半部为橙色或红色，上半部长满了斑点或条纹。它们当中的大部分都长有一个下半部呈蓝白色的尾鳍。雄鱼的体色多种多样，雌鱼身体呈浅粉色。产卵时，鱼卵被产在底层。

Aphyosemion bivittatum
橘尾提琴鳉
体长：6厘米
体重：无数据
保护状况：易危
分布范围：非洲

背鳍 又细又长，根部为橙色

橘尾提琴鳉属于非洄游性鱼类，栖息于淡水底中水层，雄鱼头部及臀鳍为橙黄色，后半部和鳍片为金属蓝色，鱼身前半段长有红色斜条纹，腹部为粉色，并带有紫红色的斑点。身体上延展的鳍不成对出现。生活在多雨丛林的小溪中，那里的土壤往往富含大量钙质。极具观赏性，但人工饲养难度较大。

Aplocheilus lineatus
黄金鳉

体长：10厘米
体重：无数据
保护状况：无危
分布范围：亚洲

黄金鳉体色为黄绿色，身体两侧、尾巴以及不对称的鳍片上都有红色的亮点。雌鱼没有雄鱼那样艳丽的红色和绿色，身体中部至尾部长有非常醒目的深色竖纹。在水族馆中可见各式各样的种类。栖息于淡水底中水层，在高海拔的河流与水库、平原的河川与水井、低地稻田及沼泽中均可看到它们的身影。属于非洄游性鱼类，经常被用来控制蚊虫的数量。卵生，卵子大小在1.5~2毫米之间，大约4个月可达性成熟。极具观赏性，人工喂养简单。

条纹
纵向条纹，颜色较深。

性别二态性
雌鱼和雄鱼的体色和尾巴的形状不同。

捕猎
它们会安静地潜伏，并突然出击捕食猎物，速度极快，可以跃起捕食。

Nothobranchius guentheri
贡氏假鳃鳉

体长：6.3厘米
体重：无数据
保护状况：无危
分布范围：非洲

贡氏假鳃鳉具有性别二态性，雄鱼体色更为艳丽，体形较大。栖息于季节性的小池塘、沼泽、运河以及小溪中。一年产一次卵，雄鱼用自己的鳍帮助雌鱼产卵，雌鱼将卵产在水体底层。在季节干旱时，它们待在底层维持生命。鱼卵在雨季开始时被孵出（3~4个月后）。小鱼苗成长得很快，几个星期就可达性成熟。它们经常在疟疾多发地区被用来控制蚊虫。

Allotoca maculata
斑异育鳉

体长：7.5厘米
体重：无数据
保护状况：极危
分布范围：中美洲（墨西哥）

斑异育鳉的体形小，背鳍和臀鳍位置偏后。背部略高于臀部。它们具有横向的鳞片，颌部无孔。雄鱼的背鳍和臀鳍近似圆形，略高。雌鱼有3~6个金属蓝色的横向斑点，而雄鱼体侧有许多横向的深色小斑点。栖息于淡水流域，非洄游性。

Austrolebias bellottii
阿根廷澳小鳉

体长：7厘米
体重：无数据
保护状况：未评估
分布范围：阿根廷、巴拉圭以及乌拉圭

阿根廷澳小鳉根据性别的不同，体色也各不相同，雄鱼体色为蓝绿色，带有蓝色的斑点；雌鱼体色为灰色，带有深色斑点。它们体形侧扁，背鳍和臀鳍末端钝化。栖息于淡水底中层水域，非洄游性。它们属于季节性鱼类，夏天旱季时，成鱼便会死亡，但它们的鱼卵会在底层存活，直到冬天过后下一个雨季到来才会被孵化。以蠕虫、甲壳类动物以及昆虫为食。它们将卵产在水体的底部（湖泊、池塘等）。孵化时间长为4个月。可以与其他鱼类和平相处，但是雄鱼除外。极具观赏性。

Trigonectes balzanii
巴氏三角溪鳉

体长：16厘米
体重：无数据
保护状况：未评估
分布范围：南美洲

巴氏三角溪鳉属于淡水非洄游性鱼类，栖息于底中水层。嘴呈一条裂缝状，且弯曲，眼睛小，头大。卵生，孵化期长，为5~7个月。在干旱季节它们保持卵状，不发育，等到夏季第一场雨到来时，便开始孵化，小鱼苗们会用尾巴敲打卵壳，直至破卵而出，之后在底层慢慢游动。

Poecilia reticulata
孔雀鱼

体长：6厘米
体重：无数据
保护状况：未评估
分布范围：南美北部，被多国引进

孵化
激烈的基因选择造就了它们多样的形态和体色。

孔雀鱼具有多态性、好饲养、易接近等特点，这使它们成了水族馆中的明星鱼类。

栖息

栖息于河流、湖泊以及其他平缓的淡水水域，主要在热带地区。它们可以在低氧环境中存活，而且还可以在水面呼吸空气。栖息温度为16~30摄氏度。

选择

孔雀鱼的体色五彩缤纷，身上的斑点也形状各异，斑点位置及反射出的色泽也各不相同，因此无法找到两只完全相同的个体。这种多样性是由鱼类爱好者以及专业的喂养人员经过多年的筛选形成的，所以野生的品种体色也并不是非常艳丽迷人。

多产
由于雌鱼具有储存精子的能力，因此它们可以在一次交配后连产4次卵。

逃生或繁衍

每个群体都根据自身的不同需求，形成了种类繁多的体色和图案——有的是为了吸引异性，有的是为了躲避天敌。非常显眼的个体容易受到攻击，而那些过于小心谨慎的个体又很难找到配偶。雌鱼们偏爱色泽艳丽的雄鱼，对它们的身体和尾巴大小、斑点的数量、亮度、黑色区域面积以及色彩对比度都有要求。此外，年长的雌鱼们会更喜欢选择那些在求偶过程中较为活跃的雄鱼。

40~70
一窝小鱼苗的数量有40~70条。

口部
属于杂食性鱼类，由于它们的口向上，因此大部分食物摄取自水面。

多样性
在野外生存的它们体色多为灰色，经过选育后，颜色变得多种多样，体形也各不相同。

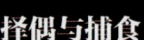

择偶与捕食

在繁殖期，雄鱼们在繁殖场所组队在雌鱼面前尽情地表现自己，尾部展开好似"孔雀开屏"，用斑斓的色彩来吸引雌鱼。雄鱼们向雌鱼求偶示爱的时候，一边积极地游动，一边扇动自己的鳍。由于这种煽情的表现会引起捕食者的注意，因此它们必须为此承担风险。这些鱼群需要承受巨大的被捕食的压力，因为它们的天敌可能随时出现在繁殖场所打断求偶和交配的过程。

隐藏
在强敌环伺下生存的鱼类，体形往往偏小，斑点和体色为红色和黑色。在粗沙砾石底环境中生活的鱼身上的斑点通常偏大，在细沙砾石底环境中生活的鱼身上的斑点则偏小。在没有捕食者出没的区域生活的鱼，身上通常不长斑点。

不醒目

易于发现
求偶选择的需求提高了鱼身颜色和图案的丰富性，在细沙底层中，它们身上的斑点形状较大，但在粗沙砾底层中，它们身上的斑点较小，所以在发育中出现了不同的形状。

醒目诱人

性别二态性

孔雀鱼具有性别二态性的特征。雄鱼身形优美，体色多变。雌鱼体形较大，鳍小，体色略暗，以灰色为主色调，产崽前两周，腹部明显凸起。

背鳍
由于水族馆的选育，雄鱼背鳍的身体比例可增大，色彩也可增多。

鳍脚
臀鳍的前鳍棘转化成为生殖器官，可以进行体内受精。

尾巴
雄鱼的尾鳍色泽艳丽，基本形状为三角形。

70毫米
一些商业品种的雌鱼的体长为70毫米。

尾巴的多元化

此种鱼类极易杂交，全球各地都有许多不同尾鳍的变种

扇形
尾鳍细长且呈扇形，所以它们的泳姿极具特色

三角形
尾鳍像一个等边三角形

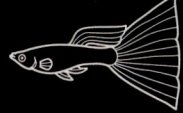

双刃剑
很有市场的品种，尾鳍向两边延展

单刃剑
尾鳍上端的鳍棘向后延展

铲形
尾鳍呈方形，此种形状并不常见

尖尾
从尾鳍中部开始逐渐变细，末端呈锥形

圆尾
尾鳍的直径可达鱼身的一半

Gambusia affinis
食蚊鱼

体长：7厘米
体重：无数据
保护状况：未评估
分布范围：北美洲和中美洲

食蚊鱼的体形较小，身材健壮。背鳍上长有7根鳍棘，雄鱼的臀鳍转化为生殖器官和鳍脚。背部和侧腹为绿色、褐色或灰色，腹部发白。也有全身均为黑色的品种。它们在淡水和咸水水域生活，栖息于小溪、河口、湖泊、池塘以及一些死水河流中，也可以在低氧环境、高盐度以及被污染的水域中生存。

以浮游动物、昆虫以及碎屑为食。一条雌鱼一天可以摄食将近300只小鱼苗。

它们已被广泛地引入了全球各地，这造成了它们与当地物种之间的竞争，已经被视为生态入侵者。体内受精，雌鱼产卵量较多。经过21~28天的孕育期，产出小鱼苗，在此期间，雌鱼臀鳍上会出现黑色斑点。

尾巴
呈扇形，圆而宽。

杂食性与投机主义
以小型无脊椎动物以及小型鱼类为食，有时也会摄食藻类和硅藻。

生殖繁衍
雌鱼体内可以保存精子，以便进行多次受精。

差异
雌鱼体形明显大于雄鱼，臀鳍上无生殖器官（鳍脚）。

口
位于头部前端，便于在水面上捕食蚊虫以及小鱼苗。

Gambusia holbrooki
东部食蚊鱼

体长：8厘米
体重：无数据
保护状况：未评估
分布范围：北美洲

东部食蚊鱼鱼体呈纺锤形，被圆形鳞片覆盖。头宽且扁平，口向上，并长满了尖锐的牙齿。它们只有1个背鳍，位置偏后，靠近臀鳍，尾鳍不分叉。在体形以及臀鳍的形态上表现出明显的性别二态性。属于非洄游性鱼类，栖息在淡水水域，如河流、湖泊、潟湖、池塘以及人工饲养的环境中。

Poecilia latipinna
茉莉花鳉

体长：长至15厘米
体重：无数据
保护状况：未评估
分布范围：南美洲

适应
头部扁平，嘴部构造非常便于它们在水面上呼吸氧气。

背鳍
雄鱼将其伸展进行求偶。

茉莉花鳉栖息于淡水或咸水水域底中水层的非洄游性鱼类。存在性别二态性：雄鱼的背鳍较大，雌鱼的背鳍小而圆。头小，两侧以浅灰色至绿色过渡，腹部颜色较浅。身体侧扁，两侧有5排斑点或条纹。产卵期时，雄鱼的体色会变为五彩橙色，尤其是尾部的色泽更加艳丽。性成熟的雌鱼较雄鱼强壮，特别是当它们怀孕的时候。它们可以在高盐度环境、污染水域或是低氧的水中生存。一般生活在植物密集的浅水河口、潟湖以及运河中。以藻类和无脊椎动物为食，如蚊虫的幼虫。

Poecilia velifera
帆鳍花鳉

体长：15厘米
体重：45~70克
保护状况：未评估
分布范围：中美洲

背鳍
背鳍十分发达，它们的学名和俗称都由此而来。

帆鳍花鳉属于栖息于淡水或咸水水域底中水层的非洄游性鱼类。雄鱼的背鳍非常发达。头部呈楔形，身体修长。雄鱼的体色比雌鱼艳丽，背部长有长短不等的鲜明绿色、蓝色斑点。身体前半部和头部为橙绿色，并泛有蓝色的金属光泽。有15~19条背线。尾巴近似圆形。一只雄鱼可以和2~3条雌鱼配对。属于胎生鱼类，体内受精，雌鱼可产10~120只小鱼。它们没有特定的繁殖季节，一年中可多次生产。

宠物鱼
靓丽的外形以及良好的适应能力让它们成为市场上非常有商业价值的鱼类。

Poecilia sphenops
黑花鳉

体长：6厘米
体重：无数据
保护状况：未评估
分布范围：中、南美洲

黑花鳉属于栖息于底中水层的淡水非洄游性鱼类。雄鱼身形修长，鱼鳍比雌鱼发达，腹部较圆。雄鱼达到性成熟后，它们的臀鳍会变成一个叫鳍脚的结构，用于交配。它们以无脊椎动物，如甲壳类动物和昆虫以及植物为食。黑色品种是众多品种中最受水族馆欢迎的品种之一。

Jenynsia multidentata
多齿任氏鳉

体长：6厘米
体重：无数据
保护状况：未评估
分布范围：中、南美洲

多齿任氏鳉属于栖息于中低水层的淡水非洄游性鱼类。背鳍有8~9根软鳍条，臀鳍有10根。体色为灰绿色，两侧有5~7条纵向深色的虚线。雄鱼身形修长，体形比雌鱼小。雌鱼与雄鱼体色相近。鱼鳍无色。

在水量大的季节（雨季），它们的数量就会增加，由于种群数量的膨胀，多齿任氏鳉便成了博纳里牙汉鱼（*Odontesthes bonariensis*）唯一的食物来源。它们有两次繁殖高峰，第一组群的雌鱼（12月至次年3月出生）冬末春初时进行生育，第二组群的雌鱼（9~11月出生）在夏秋季（12月至次年5月）生育。雌鱼的体形越长，拥有的胚胎数量就会越多。

Anableps anableps
四眼鱼

体长：长至13厘米
体重：无数据
保护状况：未评估
分布范围：南美洲

十分特殊的器官
雄鱼拥有一个强壮的生殖器官，可以让它朝一个方向移动。

眼睛
眼睛的构造让它们在空气和水中享有同样的视力。

四眼鱼栖息于淡水或咸水底层水域的非洄游性鱼类。鱼体细长，侧扁，前面紧实。两侧中间被大大的鳞片覆盖，鳞片数量不超过64个。头部扁平，齿尖，嘴向上，大大的眼睛突出于头骨上方，被一条不透明的组织带连接，平行地分布在两侧，视网膜也是分开的。鳍无鳍棘。成年雄鱼的臀鳍会变成鳍脚，尾鳍近似圆形。雄鱼和雌鱼在体色上没有很大差异。它们以陆生和水生无脊椎动物、小型鱼类以及周丛藻类为食。胎生，体内受精。

四眼鱼在商贸市场中不是主要的交易品种，但当地人偶尔也会捕捞四眼鱼，在市场上贩卖。

图书在版编目（CIP）数据

鱼类 . 上 / 西班牙 Editorial Sol90, S. L. 著；马韶仪译 . — 太原：山西人民出版社，2019.6
（国家地理动物百科）
ISBN 978-7-203-10734-7

Ⅰ . ①鱼… Ⅱ . ①西… ② E… ③马… Ⅲ . ①鱼类—普及读物 Ⅳ . ① Q959.4-49

中国版本图书馆 CIP 数据核字 (2019) 第 020949 号

著作权合同登记图字：04-2019-002

Animals Encyclopedia is an original work of Editorial Sol90
First edition © 2015 Editorial Sol90, S. L. Barcelona
This edition 2019 © Editorial Sol90, S. L. Barcelona granted to 山西出版传媒集团·山西人民出版社
All Rights Reserved
The simplified Chinese translation rights arranged through Rightol Media
（本书中文简体版权经由锐拓传媒取得 Email: copyright@rightol.com）

鱼类（上）

著　　者：	西班牙 Editorial Sol90, S. L.
译　　者：	马韶仪
责任编辑：	孙琳
复　　审：	贺权
终　　审：	秦继华
装帧设计：	八牛·设计

出 版 者：	山西出版传媒集团·山西人民出版社
地　　址：	太原市建设南路 21 号
邮　　编：	030012
发行营销：	0351-4922220　4955996　4956039　4922127（传真）
天猫官网：	http：//sxrmcbs.tmall.com　电话：0351-4922159
E-mail：	sxskcb@163.com 发行部
	sxskcb@126.com 总编室
网　　址：	www.sxskcb.com

经 销 者：	山西出版传媒集团·山西人民出版社
承 印 厂：	雅迪云印（天津）科技有限公司

开　　本：	889mm×1194mm　1/16
印　　张：	7.75
字　　数：	318 千字
版　　次：	2019 年 6 月　第 1 版
印　　次：	2019 年 6 月　第 1 次印刷
书　　号：	ISBN 978-7-203-10734-7
定　　价：	88.00 元

如有印装质量问题请与本社联系调换